環境・福祉政策が生み出す新しい経済

環境・福祉政策が生み出す新しい経済

〝惑星の限界《プラネタリー・バウンダリー》〟への処方箋

編著　駒村康平
　　　諸富 徹

喜多川和典
山下 潤
内田由紀子

編　全労済協会
　　資本主義経済の再構築としてのSDGs研究会

岩 波 書 店

目　次

第Ⅰ部　総論――いま何が問われているのか

第I部

総論――いま何が問われているのか

1 本書の構成と概要

駒村康平
諸富 徹

はじめに

人類は長らく、自然環境の変化によって発生する食糧の不足、すなわち飢餓のリスクに直面してきました。産業革命以前の農業社会では、生命と健康を危うくする絶対的貧困は自然環境によってもたらされました。飢饉の発生は、餓死のリスクを高めます。このため、人類は自然に対して畏敬の念をもって暮らしてきました。生命に限りある人間に比べ、自然は永遠の存在だったのです。

しかし、市場経済・貨幣経済が拡大し、食糧の備蓄と広域での食糧流通が可能になると、そうした自然環境の制約や飢餓のリスクも徐々に人為的なコントロールが可能になってきました。

加えて産業革命以降の飛躍的な技術の発展と経済成長により、自然環境が人々の生活に及ぼす影響は小さくなり、人類は自然を利用可能な「資源」と見なすようになりました。他方で、途上国には、自然の変化、気候変動に脆弱な絶対的貧困状態の人々が依然として多く存在しています。ＳＤＧｓ(Sustainable Development Goals：持続可能な開発目標)の取り組みは、こうした貧困の克服を目指しています。しかし、途上国の絶対的貧困の問題が完全に克服される前に、地球温暖化・気候変動による新しいリスクが高まっています。行きすぎた成長、開発が、「惑星の限界《プラネタリー・バウンダリー》」を超えようとしているからです。

ＩＰＣＣ(Intergovernmental Panel on Climate Change：気候変動に関する政府間パネル)は、将来発生する巨大災害リスクの可能性とコストについて警告をしています。巨大災害リスクを回避するためには、直ちに温暖化・気候変動を緩和し適応する必要があり、資本主義のあり方、金融システム、生産・流通システム、コーポレートガバナンス、働き方・労使関係などを包括的に見直す時期にきています。

その鍵になるのが、サーキュラー経済(以下、ＣＥ)です。産業革命以降、経済の仕組みは、地球から鉱物、金属、バイオマスや燃料を採取し、それらを製品に作り変え、消費者は購入し、最後に消費者がそれを自然に廃棄するという一方方向＝リニア型でした。全世界に普及したこの経済モデルは多くの企業に膨大な利益をもたらしました。一方の端から食べ物を摂取し消化し、もう一方の端から排出する仕組みが芋虫に似ているとして、英国の経済学者ケイト・ラワースはこのリニアモデルを「芋虫モデル」と呼びました。しかし、リニア型経済・芋虫型モデルは、炭素や酸素、水、窒素、リンなどの生命の構成要素を再利用する生態系との整合性がないため、いずれは行き詰まるとしています。

リニア型の大量生産・大量消費の経済モデルでは、CO_2排出量が多いほど、収益が上がります。そのため短期的な売り上げを増やすために、製品の寿命を意図的に短く設計する「計画的陳腐化」と呼ばれるビジネスモデルも生まれました。頻繁にモデルチェンジを行い、また故障しても修理を難しくすることで、消費者に新しい商品の購入を促すものです。

確かに電気機器などは耐久性の限界もありますし、新技術によってエネルギー効率も改善します。修理するにも限度はあります。しかし、それとリニアモデルはまったく異なるもので、使わなくなった製品を回収して、部品を再利用、リユースすることも可能なはずです。はじめからリユースできるように製品を開発、設計すればいいはずです。一方、CEは、はじめから部品などを繰り返し使うことを前提にして生産しており、廃棄した製品のなかから使えるものを回収する、いわゆるリサイクルとは異なります。

EU（欧州連合）のCE戦略は、設計段階からリユースを想定しているわけです。さらに進んだビジネスモデルとしては、オランダに本拠を置く電器メーカーのフィリップス社の新しいビジネスモデルも興味深いです。同社は、製品としての電灯を売るビジネスモデルから、「都市の照明サービス」を提供するビジネスモデルに転換しています。業態が電灯の販売ではなく、照明サービスを提供するということになった以上、いかに効率的に電灯を維持するのか、そしてリユースするのかという工夫から収益が上がります。そして、デジタル技術の向上で、それぞれの照明の状態が管理できるようになったことも重要です。同社は、照明サービスを請け負った自治体との連携で、照明を使った都市の魅力を高める取り組みも行っています。

ものづくりにこだわる日本企業ですが、サービス・オリエンテッド・アプローチをもってモノづくりを行えば、CEの道が開かれるのです。

またCEのような経済が普及するためには、人々がライフスタイルを変えること、つまり「持続可能なライフスタイル」への移行が重要な鍵となります。「持続可能なライフスタイル」とは、社会に組み込まれた一連の習慣と行動パターン、環境への意識、道徳心が根拠になります。しかし市民一人ひとりの対応だけでは不十分で、私たちの行動様式は、社会や文化の影響を受けていますから、その社会の文化や価値観、道徳心も変わる必要があります。そのうえで、公平性を維持しながら、天然資源の使用と廃棄物の発生を最小限に抑えるために、制度・政策、税制およびインフラストラクチャーを整備することが必要でしょう。

地球温暖化・気候変動を緩和し、それに適応するためには、膨大なコストが必要となります。SDGsの理念にそって「誰一人取り残さない」という考えにしたがった、「公正な移行」が求められます。その際に、温暖化に大きな責任がある先進国や高所得者層がより多くの費用を負担するという「気候正義」の考えは重要です。

1　本研究会の構成と経緯

本研究は上記の問題意識に基づいて、二〇二二年二月より開始されました。これまであまり交流がなかった環境と福祉の問題を統合的に研究するために、社会政策を担当する駒村康平(慶應義塾大学)、環境政策の専門家である諸富徹(京都大学)、サーキュラー経済の専門家の喜多川和典((公財)日本生産性本部)、経済発展の尺度研究を専門にする山下潤(九州大学)、心理学・幸福学を専門にする内田由紀子(京都大学)という異なる分野の研究者で構成しました。

研究会は合計一一回行われ、新型コロナの収束が見えないなかでオンラインでも実施しましたが、政策提言などを検討する重要な議論は、京都大学で対面方式でも開催しました。

研究会では、地球環境・資源の現状を正しく理解するために、陳奕均《チン・イーチュン》氏(東京大学未来ビジョン研究センター(研究会当時))からは「持続可能性移行研究とエネルギートランジション」、村上進亮《しんすけ》氏(東京大学大学院工学系研究科技術経営戦略学専攻)からは「鉱物資源供給と持続可能性」と題した話を伺いました。

さらに環境と福祉の連携を考えるうえでは、他国の取り組みや市民の意識、行動を比較することが有益です。環境政策が進んでいる国のなかで、日本同様に一定の人口規模があり、すでに福祉(年金、介護保険、医療保険等)や環境政策などで日本に多くの影響を与えてきたドイツの動向や市民意識と比較しながら日本の政策を考えることにしました。そこで、日独の市民に対するアンケートを実施し、加えてドイツの福祉、環境政策、そしてこれらに関連する労働組合の取り組みをお聞きするために、ドイツ統一サービス産業労働組合Ver.di《ヴェルディ》からディアク・ヒアシェル氏を外部スピーカーとして研究会にお招きしました。

2　各章の内容

本書を通じて経済成長をどのように評価し、今後どのように位置づけるのかが議論になりました。脱経済成長という選択肢もありますが、しかし、今後、最大限のCO_2排出の削減を行っても、過去に排出されたCO_2ガスの蓄積があり、ある程度の気候変動を避けることはできません。そう考えると、経済成長なしでは、温暖化・気候変動の緩和と調整は不可能です。

まず経済成長と環境負荷をデカップリングする（経済成長とCO_2排出量の伸びを切り離すこと）ためにはこれまでとは大幅に異なる経済システム、惑星の限界内での経済活動、すなわち「ドーナツ経済」に移行する必要があります。そのうえで、本書では、経済成長を目的とはせず、経済成長は、温暖化・気候変動を緩和・適応するための手段であり、幸福な人生をすごすための手段と考えます。そして、人類が今後も進歩するためには、経済成長の測り方を見直す必要がある、という着地点にたどりつきました。

本書の概要を紹介しましょう。本書は全八章から構成されます。

第1章「本書の構成と概要」は本書全体の紹介となります。

第2章「経済成長・幸福と自然」では本書の議論の前提になる、経済成長、格差・貧困、幸福、自然について議論します。産業革命以降、経済成長は人類に豊かな生活をもたらし、絶対的貧困を縮小させ、長寿、人口増加に貢献しました。その一方で経済成長は格差を拡大し、地球環境に大きな負荷をもたらしました。また経済成長がもたらした豊かさは、必ずしも人々の幸福感を高めるわけではありませんでした。経済成長をどのように評価するか、そして経済学の考え方も見直す必要があります。

第3章「環境と経済成長」では、本書全体を貫くテーマでもある環境と経済成長の関係を取り扱います。これまで両者は、対立的な関係にあるとみなされてきました。しかし気候変動問題では二一世紀に入ると、経済成長しても温室効果ガスの排出は減少する「デカップリング」現象が顕著にみられるようになり、いまや気候変動対策は成長の制約どころか成長の前提条件、さらには成長の原動力とすらみなされるようになってきました。本章ではスウェーデンと比較しつつ、日本がこうした波に乗り切れず停滞している背景・要因を探ります。二一世紀型の脱炭素経済に転換するには、二〇世紀型産業構造の転換が必要であり、その過程では失業が一時的に生じかねません。本章では環境政策と雇用の関係を議論しつつ、脱炭素化に向けて「公正な移行」が重要であることを強調します。

第4章「温暖化の緩和・適応と貧困・格差問題」では、温暖化と格差の関係を考えます。先進国や高所得者に大きな責任がある温暖化・気候変動は途上国、とりわけ貧困層に、経済面、非経済面(心身の健康)でより大きなダメージを与え、「貧困と環境の罠」を引き起こします。そして、温暖化の緩和、適応も貧困層・低所得世帯の負担を大きくします。

World Inequality Report 2022 は、先進国の高所得者層に次のような厳しい指摘をしています。「高所得者層は、汚染エリートである。その保有する資産、贅沢なライフスタイル、政治的影響力はすべて、化石燃料などの汚染活動への投資から得られる富に依存している。汚染エリートは、大株主として化石燃料経済から利益を得ており、意思決定者として、化石燃料からの移行を阻止するための政府のロビー活動に積極的だ。彼らは政治力を利用して一般市民の消費オプションを制限し、化石燃料に依存するライフスタイル――ディーゼル車とガソリン車、プラスチック包装、電気用の石炭とガス、暖房と調理に「依存」させ続ける」

先進国においては、高所得者層こそが持続可能なライフスタイルに変更する必要があります。

日本はどうでしょうか。高所得者層ほど CO_2 を排出しているという点では、他の先進国と同じ状況と考えられます。その一方で、高所得者層は温暖化の痛み、温暖化の緩和、適応の負担もあまり感じないのではないかと思います。高所得者ほど緩和と適応の費用を多く負担する義務があります。

第5章「新しい経済構造を切り拓くサーキュラー経済の意義」は、EUで進むサーキュラー経済（CE）の可能性と課題について紹介しています。先進国に先駆けてCEを推進しているEUでは、CEを今後の経済システムの中核に据えようとしています。

第5章で詳しく紹介されていますが、「計画的陳腐化」に対応するために、フランス、米国では消費者に製品を「修理する権利」を保障することが法制化されました。フランスでは、スマートフォンなどについて各企業の製品の修理可能性を比較した「修理可能性指数」を政府がインターネット上で公表して、消費者が比較検討できるようにしています。CEを加速するためには、企業支援だけではなく、「消費者の力」も高めるという点も重要です。

その他にEUでの重要な取り組みとして、製品の全ライフサイクルを管理する「エコデザイン規則」があります。リユースされる製品や部品が循環するためには、その部品に関する情報が重要になります。その情報の束のことをデジタルプロダクトパスポート（DPP）と呼びます。DPPは製品の持続可能性を証明する情報として、製造元、使用材料、リサイクル性、解体方法、環境負荷物質、修復可能性、耐久性、CO_2の排出量などの情報も含まれ、製品のライフサイクルに沿ったトレーサビリティを確保することが求められています。

CEにおいては、個人がモノを所有し消費するというこれまでの経済システムから、まるでレンタルしているかのような経済モデルになります。このように考えると、売り切りではないシェアリング・エコノミーもCEと親和的です。その一方で、EUが進めている野心的なCEの目標に関しては、実現性、効果測定の課題、社会的なコンセンサスづくりにおいて課題があることも指摘されています。

て議論します。

第6章「経済成長の定義・測定の見直し」では、GDPに代わる豊かな社会を測定する方法について議論します。

車の運転をするときには速度計、燃料計などさまざまな情報が重要になります。これら「計器盤」のことを「ダッシュボード」といいます。このダッシュボードの表示が間違っていると車の運転はうまくいきません。GDPや所得は経済成長の指標として、経済システムが機能しているかの手がかりになるとされてきました。しかし、地球温暖化が進む状況下で、この経済成長の指標そのものに問題があるのではないか、ダッシュボードが間違っていると経済システムがおかしくなっていても気がつかないのではないかという指摘が出てきました。そこで経済成長の測り方そのものを見直す必要が出ています。このような問題意識のもと、第6章では、GDPという尺度が豊かさを測定するためには不完全な尺度であったこと、GDPを超えた新しい豊かさの尺度の開発の状況、格差・貧困、環境を組み入れる方法、公正な移行のための移行指標の開発が詳しく議論されています。

第7章「現代社会のウェルビーイング――経済成長・格差・地域との関わり」は、心理学的な視点から、産業革命以降、社会経済システムのなかで支配的な役割を果たしてきたWEIRD(Western, Educated, Industrialized, Rich, and Democratic)とよばれる人々の個人主義モデルだけではなく、非WEIRD型の文化・社会からの新しい価値の重要性を議論しています。

SDGsなどの目標はマクロ社会的なものですが、それが実際に維持されるかどうかは人の心の働きや、日々の意思決定という個人の心が深くかかわっています。これまでの資本主義経済社会においては、人々の目標は個人の自由と達成、競争のなかで成功することが重視されてきました。しかしそのような個人の志向性はＳＤＧｓなどの包括的かつ持続的、共生社会的な目標と一致しているとは言い切れません。そのため、新しい価値の提供と発信が世界の中でも求められるようになってきました。その一つが協調的ウェルビーイングであり、競争から共創の場づくり、新しい社会関係資本の活用として注目されています。第7章ではこうした心理学的な側面から見た人の行動目標や幸せのあり方を論じた後、新たな社会の枠組みとの関係について考えています。

第8章「持続可能なライフスタイルを選択できるのか――日独のアンケート調査の分析より」では、両国の市民の幸福感、社会関係、環境政策の評価について分析しています。

日独アンケートの結果、幸福度、向社会性・利他性において日本はドイツよりも低く、孤独・孤立の程度が高いことが確認されました。そして、環境政策への関心、活動はドイツよりも格段に低く、持続可能なライフスタイルへの転換の理解も不十分であることが理解されました。

3　まとめ

当研究会が開催された二〇二二年は後に歴史の転換点と記憶されるかもしれません。三年目に入った新型コロナの収束が見え始めたタイミングの二月にロシアがウクライナに侵攻しました。先進国同士の戦争は二〇世紀で終わったということが神話に過ぎないと明らかになりました。広大な領土を誇るロシアにとって、膨大な人的、社会的コストを犠牲にしてウクライナ東部を占領することに何の意味があるのか、そして、その領土をめぐって核兵器の使用をちらつかせ世界を恐怖に陥らせることに、何ら合理性は見いだせません。土地や資源よりも大事な人間の生命が失われていくさまを見て、このような蛮行が二一世紀になってもまだ起きるのか、人類は進歩しているのかと疑わしく思った人も多いと思います。

侵攻により世界的に天然ガスや石油が不足し、食糧不足も発生しています。そしてこの侵攻前から、困窮した途上国からの移民が、先進国の混乱を生み出しています。

そしてもちろん戦争や兵器の開発は環境も破壊します。戦争による直接的なCO_2ガスの排出量の増加と、ロシアからの天然ガスの供給停止への対応のために石炭の再活用が進むなどで、温暖化が加速しつつあります。そして、コロナの収束により、停滞していた経済活動が回復することで、温暖化はこれまで以上に深刻化しつつあります。

温暖化が進む一方で、格差や富の偏在も深刻になっています。第4章で紹介したように格差・富の偏在がさらなる温暖化を進めます。そして、フランスの経済学者トマ・ピケティは、今日、格差・富の偏りは第二次大戦以降最大になっているとしています。

格差・富の偏在は社会政策によって縮小させる必要がありますが、スタンフォード大学の歴史学者ウォルター・シャイデルは、歴史的に不平等を是正してきたのは、「戦争・革命・崩壊・疫病」という四つの災禍だけであるとしています。まさに二〇二〇年から新型コロナという疫病が世界を席巻し、そして、このパンデミックは格差を拡大する効果をもちました。人々が新型コロナの災禍を克服できないうちに勃発したロシアのウクライナ侵攻はエネルギー価格を上昇させ、貧困層を直撃しました。まさに世界全体で「貧困と環境の罠」が深刻化しています。

シャイデルの指摘した四つの災禍の残りは革命と崩壊ですが、貧困や格差にあえぐ人々のなかに、ポピュリズム政権を受け入れる余地が広がっています。これが革命でしょうか。では崩壊とは何でしょうか。温暖化・気候変動がもたらす巨大災害リスクでしょうか。

今後、温暖化を緩和し、環境に適応するために必要な政策は何でしょうか。それは大がかりな社会経済構造の変更を伴います。社会にとっては、気候正義にそった「公正な移行」、個人にとっては、「持続可能なライフスタイル」の確立です。例えばサーキュラー経済は、これまでの私たちの消費行動を所有から使用に変えることになります。そこでは、消費は自らの財力を顕示するものではなくなります。

加えて、膨大なコストとライフスタイルの大きな変更を伴う環境政策を企画・立案・実行するためには、企業や投資家だけが参加するような場で議論しても意味がないでしょう。地域住民、労働者、消費者などが参加、討議する場が不可欠です。欧州では、くじ引きなどによって選ばれた市民が、気候変動対策について話し合う会議である「気候市民会議」が広がりを見せています。日本でも武蔵野市や札幌市などで取り入れられています。

ＩＬＯ(国際労働機関)は、「労働力の公正な移行(Just Transition)とディーセントワーク(Decent Work)及び質の高い雇用の創出」のために「国家社会対話機関(National Social Dialogue Institutions：NSDIs)」の設置を提案しています。ＩＬＯは、戦後の歴史のなかで、政府と社会的パートナーとの間の強固な社会契約を結ぶ場として、NSDIs が重要な役割を果たしたとしています。「あらゆる種類の交渉と協議、および経済および社会政策に関連する共通の関心事項に関する政府、使用者、および労働者の代表者の間での情報交換」により、①一九五〇年代から六〇年代の経済成長を支え、労働と資本の間で公正な分配に寄与した、②一九七〇年代は、国内の混乱と国際競争の激化の時代に雇用を維持することに寄与した、③世界的な金融危機の直後、社会対話は世界中の雇用を保護することに成功したとしています。このような対話の仕組みは、温暖化の緩和・適応のための「公正な移行」においても寄与すると思われます。

現在の日本の温暖化の緩和・適応政策そして脱炭素政策は、政府からの上から目線の政策に見えます。脱炭素に伴って発生するコストの負担に対する国民の反発を恐れ、企業・産業向けの政策のみが目立ちますが、本来は、消費者、労働者、市民目線の政策が必要です。

「誰一人取り残さない公正な移行」、温暖化の緩和・適応政策と所得再分配政策を組み合わせた政策、すなわち環境政策と福祉政策を統合した新しい社会政策を採用しないと、早晩、温暖化対策は行き詰まるでしょう。脱炭素のための炭素税・カーボンプライスも、温暖化に「貢献している」高所得者層の負担強化をせずに国民一律に費用を転嫁すれば、支持されないでしょう。むしろ、温暖化を緩和・適応するために必要な費用の調達にあたっては、資産に着目し、その資産を得る過程で多くのCO_2が排出されていると考え、金融資産残高に応じた税の導入で財源を確保することなどにより、気候正義に配慮した制度を検討する必要があると考えます。

詳しくは第4章にゆずりますが、本書を通読していただくことで、環境と経済成長、経済成長の意義と幸福感、環境と格差の関係などを手がかりに、人類にとっての本当の進歩とはなにかを考えていただきたいと思います。

補　章

本研究会ではＳＤＧｓに関する諸問題の考察に資する目的で、三名の専門家を招聘し、大変有益で示唆に富む報告を行っていただきました。そこから得られた知見は、本書の関連する章の内容にそれぞれ反映されています。ここでは「補章」として、専門家による報告内容の概略を以下の通り紹介したいと思います。

脱炭素化の移行プロセスと社会的合意

第一は、東京大学未来ビジョン研究センター特任研究員(研究会当時)の陳奕均《チン・イーチュン》氏による報告です。この報告は、いかにして現在の社会を転換して持続可能な社会を実現するのか、その移行プロセスの分析を行う「持続可能性移行研究」を主題としています。定量的な解析を行うシミュレーション研究に対し、歴史的な事実を踏まえながら将来の動きを予想する定性的研究に、その特徴があります。

脱炭素社会に適合的な新しい社会技術モデルが必要となっても、実際には既存の企業や経済システムの粘着性があり、それらからの抵抗や反対に見舞われがちです。また価値観や意見の相違でなかなか前に進まないことが容易に想像できます。そこで、これらを乗り越えて「移行」を成功裏に進めるにはどうすればよいか、手掛かりを求めて探求する必要が生まれます。それがまさに、移行研究に課せられた役割です。

陳氏の報告は、移行研究のなかでも「重層的視座(multi-level perspective：MLP)」アプローチに基づくものです。「ニッチ」(新規技術が生まれる)、「社会技術レジーム」(社会的グループが新規技術を実践するルールの束)、そして「社会技術ランドスケープ」(経済成長、イデオロギー、外部ショック)という三つの階層の相互作用により、社会移行が引き起こされるという見解です。

陳氏は、化石燃料から再生可能エネルギーへの転換を実現してきたドイツを事例にとって、このアプローチを紹介しました。化石エネルギーが後退するなかで、衰退する産業からは、変化への抵抗が発生します。他方、消費者の習慣や行動、そして日常生活のレベルで徐々に脱炭素化への変化が生じます。抵抗を和らげ、消費者の変化を促進するには、政府の役割が重要になります。

日本はオイルショック以降、石油依存から脱却して原子力発電への移行を進めてきましたが、それは福島第一原発事故によって停止を余儀なくされました(その後再び推進へと変化)。それを受けて日本は、再エネ主力電源化への転換を名実ともに実現できるのか、その転換期に立っていると陳氏は指摘しました。

脱炭素社会への移行には技術開発などハード面だけでなく、経済社会のあり方、つまりソフト面を変えることがきわめて重要です。脱炭素化の推進とそれへの抵抗がせめぎ合うなかで、社会的合意を形成していくための移行経路を分析し、移行シナリオを描くことの重要性が改めて提起されました。

現実には、第8章でも明らかにするように、日本では市民の意識、価値観の変化が、脱炭素化に追いついていません。

日本の脱炭素政策の現状では、たしかにCO_2の排出削減目標が存在し、新しい企業、産業の育成と転換には目配りが行われているものの、市民の協力をえて社会的な受容可能性を広げるための移行シナリオづくりという点は、不十分ではないかという疑問が生まれます。

CE実現のための課題――持続可能な資源の利用

第二は、東京大学大学院工学系研究科技術経営戦略学専攻教授の村上進亮《しんすけ》氏による報告です。鉱物資源専門家である村上氏は、サーキュラーエコノミー（CE）の国際規格確立に関わっている立場から、鉱物資源特有の課題やCE実現の課題について、以下の点を強調しました。

まず、資源消費量を経済活動から切り離す「資源デカップリング」は概念的には重要だが、簡単ではないと村上氏は強調しました。とくに鉱物資源の場合は、「劣化」と「副産物」が課題になります。一体、どういうことなのでしょうか。

資源消費が拡大するなかで、採掘される鉱物資源（金属鉱物資源）の劣化（低品位化）が深刻な問題になっています。質の良い鉱山が減少し、鉱物資源の含有量が低下するため採掘量が増加し、GHG（温室効果ガス）排出量の増加、生物多様性の喪失、地域における深刻な環境被害（水汚染、土地改変）が発生しているのです。

ＣＥを実行すれば、単純に問題解決というわけにもいきません。資源循環は、製品の変化にともなって鉱物組成の変化をも引き起こすからです。回収される金属に含まれる忌避元素等の含有濃度が上昇するため、狙った金属を高品位で取り出せるとは限りません。また金属資源の場合はＣＥ過程のどこで、どのような資源が、どれだけ生み出されているのか、という点に関する詳細情報がないため、効率的な資源探査ができないという問題も生じています。

そこで重要になるのは、探査に寄与するインセンティブを消費者にもってもらうことです。ＥＵが検討しているデジタルプロダクトパスポートなどＤＸの活用で、探査コストを下げられる可能性があります。他方で、このようなビジネスモデルが顧客情報とリンクすると、個人情報保護の問題も発生するため、それに対応する制度基盤を整えることも必要になります。

ＣＥが機能するには、価値のある情報を流通させる仕組みが必要であり、そのためには強いインセンティブが必要になります。場合によっては法制化の必要もあります。使用・利用履歴という非財務情報の価値の向上も急がれます。

ＣＥを支える活動としてリース、レンタル、サービス化、リユース、シェアリング、アップグレード、プーリング、耐久性向上など、さまざまな活動が挙げられます。ただし留意すべきは、これらの活動が従来型のビジネスと比較してＧＨＧ排出量をむしろ増やす「バックファイアー効果」をもってしまう可能性です。

村上氏の報告は、第5章の喜多川論文を理解する際に、大きな手がかりになります。持続可能なライフスタイル実現のためには、消費者の権利のみならずＣＥにふさわしい個人情報の仕組みを確立する必要があるとの指摘は、大変示唆的です。

労働組合の新たな役割

最後に、ドイツ統一サービス産業労働組合Ver.di《ヴェルディ》チーフエコノミスト、ディアク・ヒアシェル氏による報告です。氏からはドイツにおける労働組合、そして社会民主主義が直面する課題について包括的な報告を受けることができました。

彼が第一に強調したのは、社会経済的な危機です。新自由主義が台頭した一九八〇年以降、世界中で不平等が広がり、格差拡大が加速しています。ドイツではこうした構造的問題があるなかでパンデミックに襲われ、大規模なロックダウンが行われた結果、サービス産業の雇用が大きく不安定化して格差がさらに拡大しました。ウクライナ戦争によるエネルギー価格の高騰がさらに追い打ちをかけ、低所得者や中間層の日常生活に大打撃を与えているのが現状です。

ヒアシェル氏は次に、環境の危機から労働者への影響へと言及します。ドイツでは、過去五〇年間に異常気象の発生件数が倍増しています。ドイツは脱炭素化に向けた気候変動政策で世界でも先駆的政策を打ち出してきましたが、他方で産業構造転換も不可避です。ドイツの基幹産業である自動車産業では電気自動車へのシフトが起きており、これが労働環境を悪化させています。自動車産業の再編を円滑に行うために、労働者のリスキリングやバッテリー生産拠点の整備による新たな雇用創出などの政策が不可欠です。

第二次世界大戦後のドイツでは組合の組織率が高く、労働協約が拡大し、賃上げも可能でした。社会民主主義や労働組合が資本主義をコントロールすることにある程度、成功していました。しかしいまや、こうした状況は一変しました。労働組合員数はドイツ統一時点からは半減し、製造業からサービス産業への産業構造転換に組織化が追いつかず、組織率が下がって組合が弱体化してきたのです。このため、脱炭素化への産業構造転換に対しても、組合が十分対応しきれているとは言えません。

ヒアシェル氏はこうした構造変革の時期だからこそ、労働者が不利益を被らないよう彼らを守り、格差拡大を抑止しつつ変革に対応するために、組合が企業経営や経済政策に積極的に参加することが必要だと説きます。

ドイツの企業経営の特徴の一つは、「共同決定制度」にあります。これは、企業内に労使同数から構成される事業所委員会を設け、労働者が企業の意思決定に関与することを意味します。ヒアシェル氏は、従業員一、〇〇〇人以上の企業への共同決定法の適用、株主資本主義から多元的な所有形態を有する混合経済への移行、さらには、政府のマクロ経済政策の決定に労働者代表を参加させることが、「経済民主主義」のために望ましいと強調しました。

ヒアシェル氏の報告は、過去四〇年間にわたる新自由主義的改革のなかで社会民主主義が後退し、労働組合が弱体化してきたことを憂慮しつつも、社会的不平等や環境危機の克服のために労働組合が新たな役割を引き受けるべきことを訴える点で、日本にとっても大変示唆的な内容でした。

彼の主張は、第2章の駒村論文や第3章の諸富論文で「公正な移行(Just Transition)」を議論する際に、労働者や労働組合の役割を論じる文脈で本文に反映されています。日本ではまだ「公正な移行」

に関する議論がほとんど見られませんが、それは日本が本格的な脱炭素化をスタートさせていないことの反映でもあります。

しかし一旦、脱炭素化が本格化すれば、その影響は必ず労働者にも及びます。組合も脱炭素化を前進させる役割が期待されます。他方で、それが労働者にもたらす負の影響から彼らを守る役割が組合にはあります。組合は、労働者が自らの運命をコントロールするために何をすべきかという点で、ヒアシェル氏の報告から多くのことを学ぶことができるでしょう。

2 経済成長・幸福と自然

駒村康平

はじめに

温暖化そしてそれがもたらす気候変動の影響は、全人類共通の脅威です[1]。しかし、その影響の程度は、国際的には各国の発展状況、そして先進国内では所得階層によって異なります。今後、温暖化・気候変動が深刻になると、途上国や貧困者がこの影響を大きく受けることになります。しかし、そうした情報が、当事者である途上国や貧困者に十分伝わっておらず、危機が十分に認識されていない可能性もあります。本章では、経済成長が人類に何をもたらしたのか、格差・貧困・幸福という視点、そして自然との関わりについて考えてみたいと思います。

1　ＳＤＧｓの射程

（1）「誰一人取り残さない」

今日、ＳＤＧｓという言葉が広く知られるようになっています。ＳＤＧｓからは、環境問題、地球温暖化対策が連想される人も多いと思いますが、その目標としているものはより広く、人類の進歩の理想の集約ともいえます。

ＳＤＧｓすなわち「持続可能な開発目標」は二〇一五年九月の国連サミットで、二〇三〇年までに持続可能でよりよい世界を目指す国際目標として、加盟国の全会一致で採択されました。

ＳＤＧｓは一七の目標・一六九のターゲットから構成され、地球上の「誰一人取り残さない」ことを掲げています。このアジェンダの「行動計画」は、①貧困と飢餓に終止符を打つ、②国内的・国際的な不平等と戦う、③平和で、公正かつ包摂的な社会をうち立てる、④人権を保護しジェンダー平等と女性・女児の能力強化を進める、⑤地球と天然資源の永続的な保護を確保する、⑥持続可能で包摂的な経済成長、繁栄の共有と働きがいある人間らしい仕事のための条件を、各国の発展段階・能力の違いを考慮に入れて作り出す、というものです。

この計画においては、「誰一人取り残さない」、「最も遅れているところに第一に手を伸ばす」ということ、つまり最も貧困な状態になっている人々への支援こそが重要になります。

ＳＤＧｓは貧困や格差について多くの目標を立てています。

まず目標1では「貧困をなくそう」があります。具体的な目標として「二〇三〇年までに、それぞれの国の基準でいろいろな面で「貧しい」とされる男性、女性、子どもの割合を少なくとも半分減らす」(SDGsターゲット1―2、以下ターゲットと略)を掲げています。ここで注目してほしいのは、「それぞれの国の基準で」という点です。すなわち途上国の絶対的な基準の貧困だけではなく、先進国の相対的な基準の貧困も削減することになります。これは、後述の目標10同様に格差の縮小にもつながります。

次に「それぞれの国で、人びとの生活を守るためのきちんとした仕組みづくりや対策をおこない、二〇三〇年までに、貧しい人や特に弱い立場にいる人たちが十分に守られるようにする」(ターゲット1―3)として、貧困者の生活を守る政策を強化することを求めています。

さらに「二〇三〇年までに、貧しい人たちや特に弱い立場にいる人たちを始めとしたすべての人が、平等に、生活に欠かせない基礎的サービスを使えて、土地や財産の所有や利用ができて、新しい技術や金融サービスなどを使えるようにする」(ターゲット1―4)とし、すべての貧困者に基礎的サービスの利用を保障し、社会の進歩や生活に必要な金融サービスから排除されないように対策を行うことを求めています。

そして「二〇三〇年までに、貧しい人たちや特に弱い立場の人たちが、自然災害や経済ショックなどの被害にあうことをなるべく減らし、被害にあっても生活をたて直せるような力をつける」(ターゲット1―5)として、貧困層のレジリエンス(回復力)を高めることを掲げています。

これら直接的な貧困解消の他にも、目標3「すべての人に健康と福祉を」があり、そのなかでも

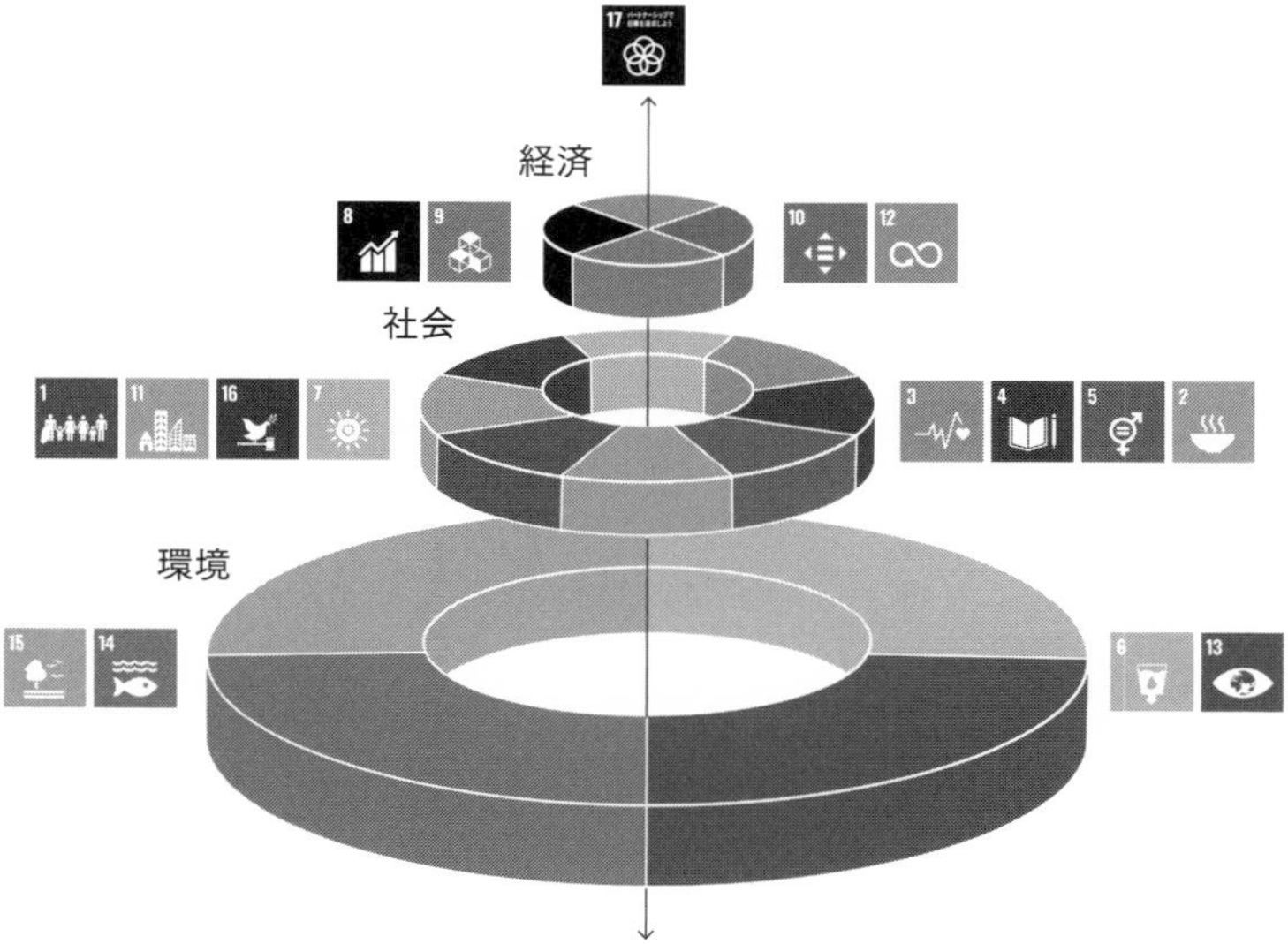

図 2-1　SDGs のウェディングケーキモデル

出典：Stockholm Resilience Centre　https://www.stockholmresilience.org/research/research-news/2016-06-14-the-sdgs-wedding-cake.html　Illustrated by Johan Rockstorm and Pavan Sukhdev.

「すべての国で、生まれて二八日以内に命を失う赤ちゃんの数を一〇〇〇人当たり一二人以下まで、五歳までに命を失う子どもの数を一〇〇〇人当たり二五人以下まで減らし、二〇三〇年までに、赤ちゃんやおさない子どもが、予防できる原因で命を失うことがないようにする」（ターゲット3―2）としています。

さらに目標10「人や国の不平等をなくそう」もあります。「二〇三〇年までに、各国のなかで所得の低いほうから四〇%の人びとの所得の増え方が、国全体の平均を上回るようにして、そのペースを保つ」（ターゲット10―1）、「二〇三〇年までに、年齢、性別、障害、人種、民族、生まれ、宗教、経済状態などにかかわらず、すべての人が、能力を高め、社会的、経済的、政治的に取り残されないようにすすめる」(ターゲット10—2)、「差別的な法律、政策やならわしをなくし、適切な法律や政策、行動をすすめることなどによって、人びとが平等な機会(チャンス)をもてるようにし、人びとが得る結果(例えば所得など)についての格差を減らす」(ターゲット10—3)などが掲げられています。そして、「財政、賃金、社会保障などに関する政策をとることによって、だんだんと、より大きな平等を達成していく」(ターゲット10—4)は、税制、最低賃金、社会保障給付などにより格差・不平等を縮小することを求めています。

(2) SDGsと「惑星の限界」

SDGsのターゲットのうち、直接環境に関わるのは、目標6「安全な水とトイレを世界中に」、目標13「気候変動に具体的な対策を」、目標14「海の豊かさを守ろう」、目標15「陸の豊かさも守ろう」です。とくに目標13の「気候変動(気候変動及びその影響を軽減するための緊急対策を講じる)」には、さらに五つのターゲットが定められています。(2)

ここで地球環境に関わる重要な概念が「惑星の限界(プラネタリー・バウンダリー)」です。ストックホルム・レジリエンス・センターのヨハン・ロックストローム所長らが開発した「惑星の限界」とは、安定した地球で、人類が安全に活動できる範囲を科学的に定義・定量化したもので、九項目の「惑星の限界」があります。この「惑星の限界」を踏まえるとSDGsの一七の目標は、三層からなるウェディングケーキモデルに表現されます(図2-1)。三層目の土台は環境(水、気候、海洋、森林の四個)になり、その上に二層目の社会(貧困、飢餓、健康・福祉、教育、ジェンダー平等、クリーンエネルギー、都市・

居住、平和・公正の八個）、一層目の経済（雇用、インフラ、格差、生産消費）の四個の上にグローバルパートナーシップが乗っている形になります。経済も社会も地球環境が土台になるわけで、この発想は、後述のラワースのドーナツ経済とも整合性があります。

2 経済成長の光と影

ＳＤＧｓは地球環境を守りながら世界の貧困を克服する取り組みといえます。産業革命以降、経済成長は人類を豊かにし、絶対的貧困を縮小し、人類の寿命を伸長させ、人口を増やしました。その一方で、環境破壊、資源枯渇、地球温暖化・気候変動、生物多様性の喪失などの問題を引き起こし、このまま放置すると将来、巨大災害リスクにつながる可能性もあります。

産業革命以降の経済成長、発展は欧米などの先進国から始まりました。二〇世紀後半からは、経済のグローバル化により、経済成長の成果は途上国や中進国にも広がりました。ここで、経済成長の光と影について整理してみましょう。

（1）国単位でみた世界の格差の動向

産業革命以降の経済成長は、二〇世紀後半からはグローバル化の進展で途上国にも拡大しました。その結果、世界の所得格差はどうなったのか、その動向を見てみましょう。一般的には、格差は所得の集中度を示すジニ係数で測定されます。ジニ係数は、所得分布の偏り度の指数であり、全員が同じ

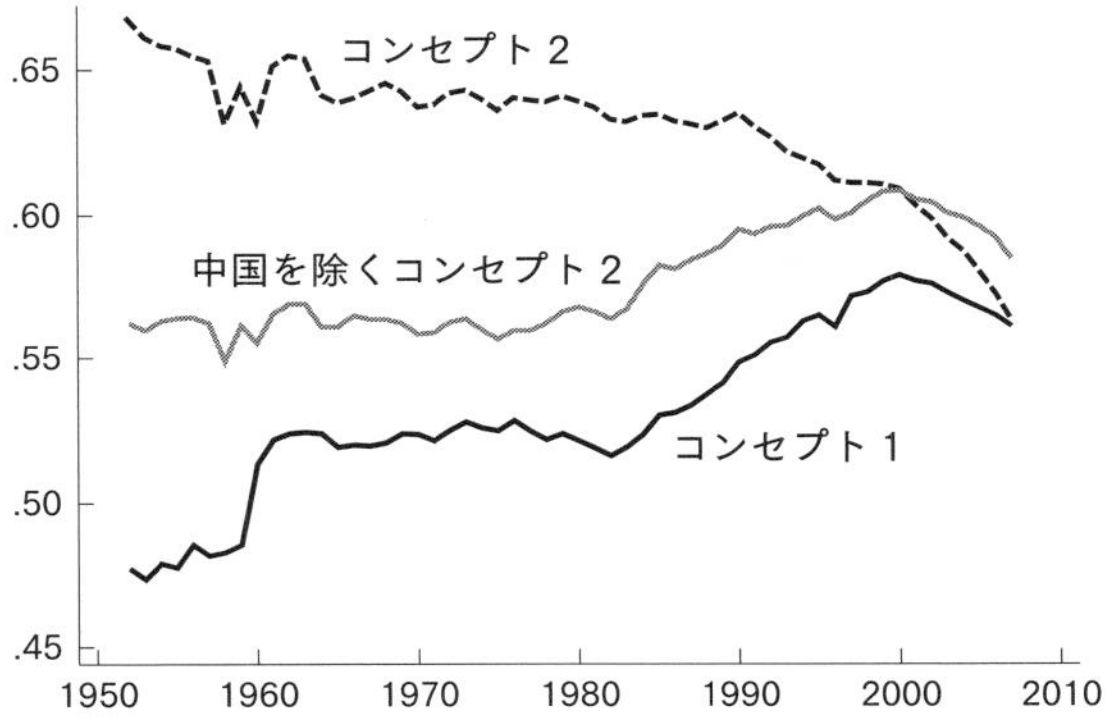

図 2-2　世界のジニ係数の推移(1952-2006)

出典：Milanovic(2009).

所得のときはゼロになり、１に近いほど所得分布が偏っていることを示します。図２－２のコンセプト１は各国一人当たり平均所得から計算した世界のジニ係数です。図２－２のコンセプト１とコンセプト２の違いは、コンセプト２が各国の人口ウェイトをかけている点です。コンセプト１、すなわち単純に国単位でみるとジニ係数はトレンドとしては拡大傾向になっています。しかし、国によっては人口数が大きく異なります。この点を考慮し、人口ウェイトをかけるとコンセプト２のように低下傾向に見えます。ただし、これは人口の多い中国の影響が大きいと思われます。中国を除くコンセプト２のように全体としては、ジニ係数は上昇傾向にあるものの、二〇〇〇年以降はやや低下しているということが読み取れます。このように経済成長・発展は必ずしも各国間での格差を縮小してきたわけではありません。

（２）世界の貧困率の動向

これに対して、絶対的貧困の動きはどうでしょうか。

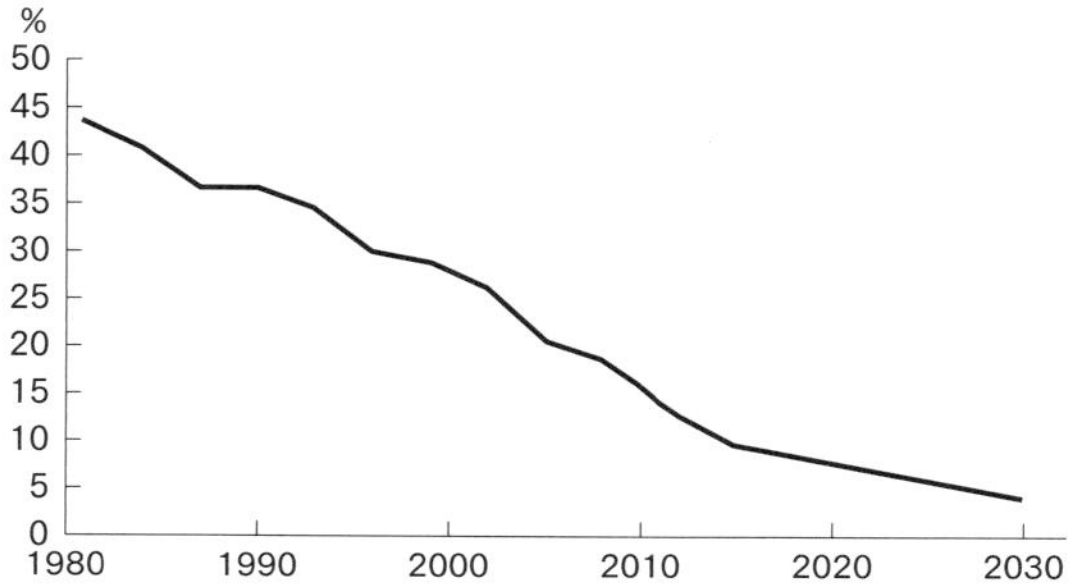

図 2-3　世界における 1.9 ドル未満基準の極貧率(絶対的貧困)の動向とその見通し(1980-2030)

出典：Gill, Indermit S. and Revenga, Ana and Zeballos, Christian, Grow, Invest, Insure: A Game Plan to End Extreme Poverty by 2030 (November 17, 2016). World Bank Policy Research Working Paper No. 7892. SSRN: https://ssrn.com/abstract=2870160
注：2012 年までは推計値，2015 年から 2030 年は予測値.

生命や健康的な生活を維持するために十分な物資や収入が不足した状態は「絶対的貧困」と呼ばれます。絶対的貧困とは生存や健康の維持に必要なカロリーや栄養を欠くような経済状況であり、世界銀行は、その一般的な定義として、「一日一・九ドル未満で暮らす人の比率」(国際貧困ライン)を設定しています。

図2－3は、世界の絶対的貧困率の動向です。世界全体では、現在でも絶対的貧困者は一〇億人存在します。一九世紀初めも二一世紀の現在でも絶対的貧困者の数は変わっていないとされていますが、一九世紀の絶対的貧困者は全人口の八〇%を占めました[3]が、二一世紀に入ると二〇%を切り、世界銀行は二〇一五年には一〇%を切ったとしています。

経済成長は絶対的貧困の割合を縮小させたわけであり、今後も、経済成長により貧困者数が減少する可能性はありますが、逆に温暖化対策が不十分な場合、貧困者が増加する可能性もあります。この点は第4章で説明します。

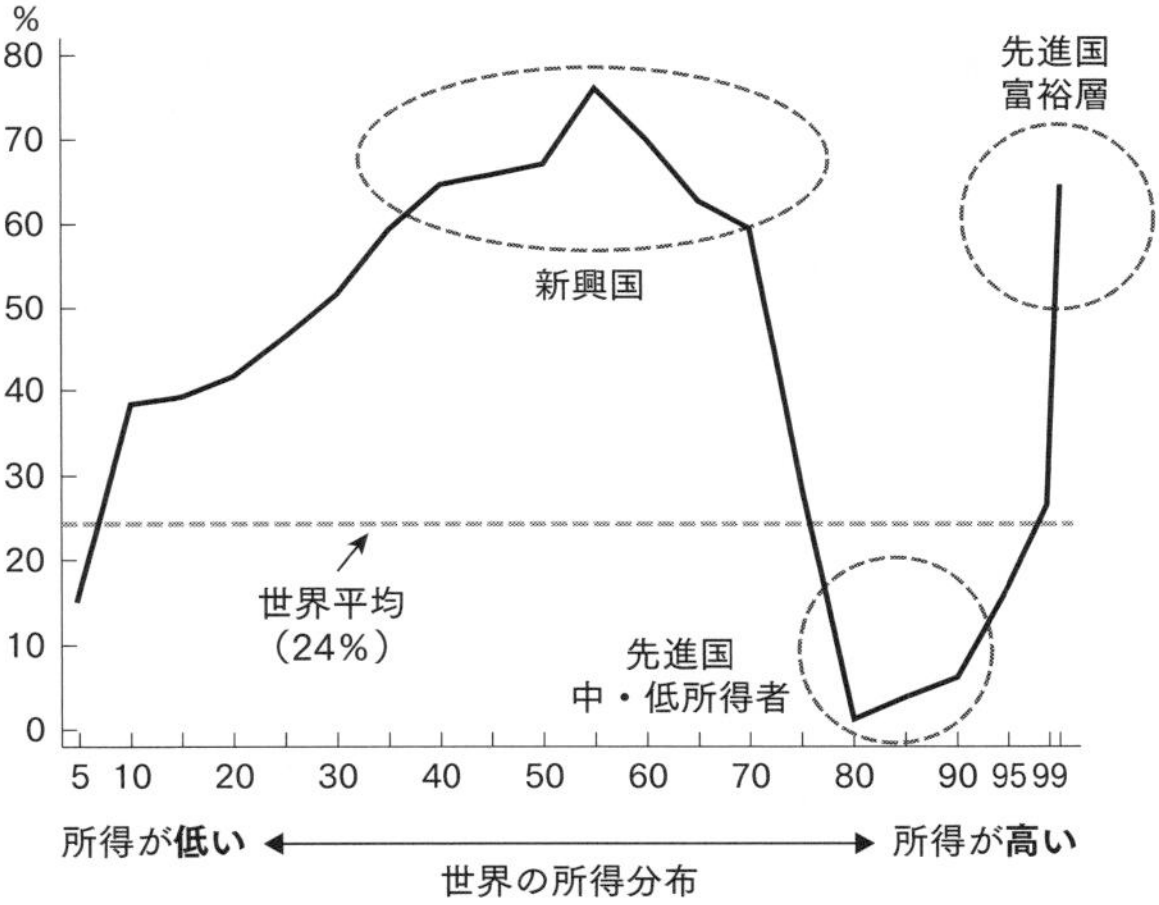

図 2-4　所得階級別の 1 人当たり実質所得の成長率（1988-2008）

出典：Lakner. C., & Milanovic, B.（2015）, Global income distribution from the fall of the Berlin Wall to the Great Recession, *The World Bank Economic Review*.

注：2005 年，PPP, ドルによる評価.

（3）経済成長と寿命の伸長

絶対的貧困の縮小は、寿命の伸長をもたらしました。一八四〇年時点の世界で最も平均寿命の長い国は、スウェーデンの四五歳が最長であり、その後、ノルウェー、オーストラリアなどトップの国は交代したものの、最長の国の平均寿命は二〇〇〇年には八五歳となっています。実に一六〇年間で四〇歳、四年で一歳のピッチで伸びています。

経済成長と技術進歩により、最初に子どもの死亡率が低下しました。そして、子どもの死亡率の低下は、先進国から途上国へ広がり、現在も続いており、五歳未満の子どもの死亡率は二〇世紀末（一九九〇年）の一〇〇〇人あたり九三人から、二〇一九年の三八人へと急激に改善しています。一方、先進国では、中高年の死亡率の低下が進んでおり、このままのペースだと、先進国では二一世紀生まれの子どもたちの半数が一〇〇歳に到達できるという推計も出ています。寿命という点では、人類は大きく進歩しているといえます。

ただし、不確実性も高まっています。自然災害や感染症、そして格差拡大なども寿命に悪影響を与える可能性が指摘されています。これらの背景には、地球温暖化、気候変動の影響があります。

人類の歴史は、食糧不足や疾病などをもたらす絶対的貧困との闘いでした。長期にわたって、絶対的貧困からくる子どもの死亡率が人口を抑制してきました。英国でも一八世紀前半では子どもの半数近くが五歳まで生存できませんでした。そして、途上国にとどまらず先進国でもかつては子どもの死亡率が高く、出生率も高かったのです。前述の通り、産業革命以降は、経済成長・発展のなかで、子どもの死亡率は低下しましたが、出生率が直ちに低下したわけではなく、認識のタイムラグや出生を抑制すべきではないという文化的制約などがあり、出生率の低下のタイミングが遅くなりました。低死亡率、高出生率が継続した結果、人類の人口は急激に増えました。このような人口増加を現在、途上国が経験しており、しばらくの間、世界人口は増え続けると予想されています。そして、人口増加は、地球温暖化の重要な要因になっています。

（4）先進国の中間層の崩壊

経済成長、とくに二〇世紀後半からのグローバル経済のなかで途上国の絶対的貧困は克服されつつありますが、先進国内の格差や相対貧困率の上昇を生み出し、政治対立を先鋭化させました。図2-

4は、その形から「象の鼻」と呼ばれ、過去二〇年の所得上昇率の状況を示したものです。横軸の世界の所得の下位層から上位層に並べ、それぞれの所得の累積成長率を見たものです。途上国や新興国の人々は豊かになり、先進国の上位層も豊かになったことが確認できます。しかし、先進国の下位層、中間層の所得はほとんど伸びていないことがわかります。先進国では、中間層は経済成長のメリットは受けておらず、停滞しており、格差が拡大し、相対貧困率が上昇して中間層の崩壊も指摘されています。米国でも八〇年代生まれの世代の五〇％程度しか、親と同じ経済力をもつことができないとされ、閉塞感が高まっています。こうした格差拡大は、社会不満、不安に繋がりポピュリズムの拡大の下地になっています。

3 格差と気候正義

急激な人口増加と経済成長は、CO_2の排出量、資源の消費を拡大させ、地球の環境負荷を急激に高めました。このことを「大加速」と呼びます。そして、経済成長は自然環境を悪化させ、その痕跡が地球の地層に残るほど、すなわち「人新世」の時代を迎えています。

先述しましたが、地球の自然環境は持続可能性の限界に接近しています。この状態を放置し、地球の自然システムが持続可能性を失うと、気候変動・異常気象が頻発し、食糧危機、水危機、資源不足、生物多様性の喪失が発生し、再び人類は飢餓のリスク、絶対的貧困の問題に直面する可能性があります。

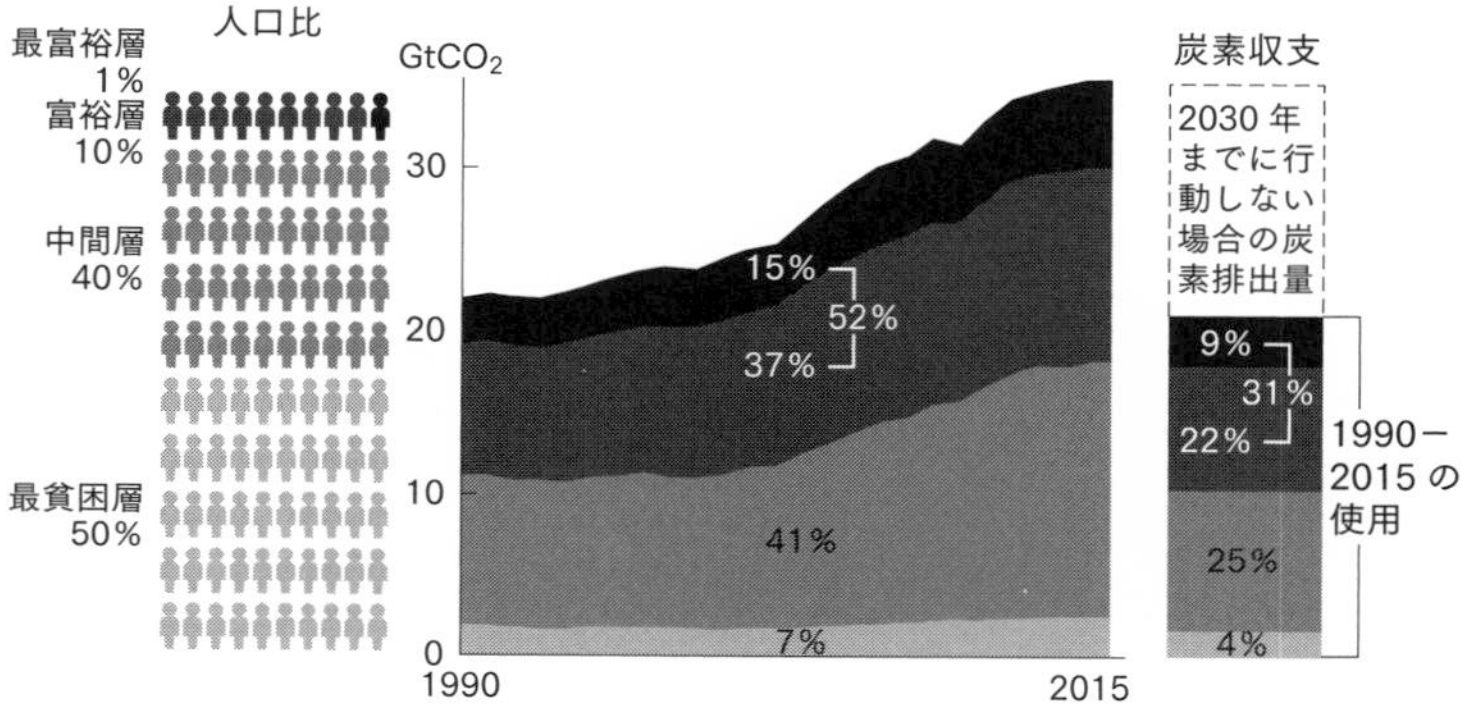

図2-5　さまざまな世界の所得グループによる消費に関連する1.5℃の世界炭素収支の使用(1990-2015)

出典：https://www.oxfam.org/en/research/confronting-carbon-inequality

そして格差は地球温暖化を加速させる性格があります。英国の経済学者ケイト・ラワースは、不平等の程度が大きな国では環境破壊が進みやすい傾向があるとして、その原因を「顕示消費」、「見せびらかし消費」にあるとしています。

不平等な社会ほど、ステータスの競争、見せびらかし消費が強くなります。米国五〇州を対象にした調査では、所得や人種に基づく不平等が顕著な州ほど環境対策が遅れており、環境破壊が進んでいることが確認されています。

(1) 温暖化・気候変動をもたらした先進国・富裕層の責任

英NGOのOxfamとスウェーデンのStockholm Environment Institute(SEI)が共同でまとめた「Confronting Carbon Inequality」によると、図2-5で見るように、①一九九〇年から二〇一五年の間の所得階層別のCO_2排出量($GtCO_2$＝一ギガトン(＝一〇億トン))を分析した結果、全世界の一％の最富裕層の排出量は、人類の半分を占める約三〇億人の最貧層全体の倍以上に相当する、②過去二五年間でCO_2排出量は約二倍に増えているが、このうち、所得階層上位一〇％(約六億三〇〇〇万人)の排出量が全体の過半(五二％)を占め、最上位一％の排出量は全体の一五％となり、人類の半分を占める最貧困層の排出量約七％の倍以上になります。上位一〇％の富裕層の排出量は「一・五度」の気温上昇分の全体の三分の一を占めています。これに対して、人口の過半を占める最貧層の「一・五度」への貢献度は四％でしかありません。つまり、豊かな先進国は温暖化の責任が極めて大きいのです。これは気候正義に関わるもので、第4章で詳しく議論します。

(2) 格差・貧困と生物多様性の喪失

所得格差の拡大は、絶滅危惧種を増加させることも確認されています。五〇カ国における生物の種の喪失の状況(植物と脊椎動物)を、人口密度、環境ガバナンス、[4]一人当たり国民総生産、所得格差(ジニ係数)、固有の脊椎動物の種数で回帰分析した研究によると、所得格差は種の喪失の二番目に大きな原因になっていることが確認されています。[5]これは所得格差の存在が社会全体の自然環境保全への取り組みを阻害するためです。

4　経済成長と幸福

経済成長は人類に何をもたらしてきたのでしょうか。経済成長を追求する目的は、所得を高めて豊のでしょうか。

かな生活を送ることです。では、所得が増えれば人は本当に幸福になるのでしょうか。経済学者のなかには、三%の経済成長を続ければ、将来世代は現在世代よりずっと豊かになり幸せになるので、温暖化が進んだりしても我慢できるはずだという意見もあります。所得と幸福の関係はそんなに単純なのでしょうか。

(1) 所得と幸福の関係

米国の経済学者イースタリンは、先進国のデータを元に、一人当たり実質所得が上昇しているにもかかわらず、生活満足度が向上しないという事象から、「イースタリン・パラドックス(Easterlin paradox)」を提唱しました。

イースタリン・パラドックスの原因については、相対所得仮説と順応仮説があるとされています。相対所得仮説とは、人々の幸福度は所得や消費の絶対水準で決まるのではなく、社会のなかで相対的な位置づけによって決まるため、所得が豊かになっても自分の位置づけに変化がなければ幸福度は上昇しないというものです。社会的な生き物である人間の幸福度は、自分だけの所得で決まるのではなく、他人との比較によっても左右されるのです。例えば、自分の収入が年一〇〇〇万円になっても、周囲や居住地域の平均所得が二〇〇〇万円だったらあまり幸せには思えないということです。

もう一つの順応仮説は、「ヘドニック・トレッドミル(幸福のトレッドミル)」とも呼ばれる考えで、人間はどんな贅沢をしてもその幸福感に慣れてしまうため、幸福感が長続きしないというものです。ランニングマシン、トレッドミルの上で走っているたとえです。相対所得仮説も順応仮説も、自分の消費や所得だけで満足感が決まるという新古典派経済学の仮定とは異なっており、人間の心理的、認知的な特性に着目した考えです。

いずれもノーベル経済学賞を受賞した経済学者ディートンとカーネマンは二〇〇八年と二〇〇九年のギャラップ社の健康と幸福に関する指数を使い、幸福には二つの心理状態、つまり感情的な幸福と人生の評価が反映されることを明らかにしました。感情的な幸福とは、個人の日常の経験、社会的な交わりなどから生まれる感情的な質です。人生の評価とは、自分の人生の目標を達成し、経済的に安定し、心理的にも満たされた人生を送ってきたかと振り返ることを意味しています。

彼らの研究は、年収が七・五万ドル(日本円で八〇〇万円)までは、所得の増加とともに幸福度は上昇するが、それを超えると幸福度は変化しなくなり、所得が幸福度に与える影響は七・五万ドルで飽和するということ、すなわち「足るを知る」状態になることを明らかにしました。所得と幸福の関係は、本書の第8章でも議論します。

これら幸福の研究が明らかにしたことは、経済学が想定するように、人々の幸福は自分の所得だけではなく他人の所得の影響も受けること、慣れていくと満足しなくなること、幸福感というのは複雑な心理的構造をもっており、所得だけで決まるわけではないことなどでした。

経済成長すれば幸福感が高まるわけではないのです。新古典派経済学が想定した、人は他人のことを気にしないで、自分の所得さえ増えれば、満足度が増加していくという考えとはかなり異なるわけです。そして、もし前述の研究のように所得が一定水準を超えるとそこからあまり幸福度が変化しないならば経済成長の意味を考え直さないといけなくなります。

（2）「惑星の限界」と「ドーナツ経済」

ドーナツ経済　産業革命以前は、人間の経済活動は「惑星の限界」の内側にあり、地球の環境を壊すほどのものではありませんでした。しかし、産業革命以降の経済成長、人口増加は、地球の環境とその再生を困難にするほどになっています。

前述のラワースは、産業革命から今日まで続く制約のない経済成長は、今後は困難になり、「環境的な上限」、つまり「惑星の限界」のなかで許容される経済活動を行うべきとし、これを「ドーナツ経済」と名付けました。

図2-6は、「ドーナツ経済」のイメージです。

このドーナツ経済の確立により、SDGsの行動計画、「⑥持続可能で包摂的な経済成長、繁栄の共有と働きがいある人間らしい仕事のための条件を、各国の発展段階・能力の違いを考慮に入れて作り出す」が達成可能になるのです。しかし、現在の資本主義のメカニズムは、このドーナツ経済の達成にはほど遠い状態です。

サステイナブル・ファイナンスの拡大　ドーナツ経済確立のためには、資本主義の仕組みを大きく変更する必要があります。それは現在の市場メカニズムを形成する金融市場、財・サービス市場、労働市場（労使関係、コーポレートガバナンス）すべてにわたっての改革が必要になります。このうち財・サービス市場の改革は、第5章「新しい経済構造を切り拓くサーキュラー経済の意義」で詳しく議論されています。ここでは、金融市場とコーポレートガバナンスの議論を紹介しましょう。

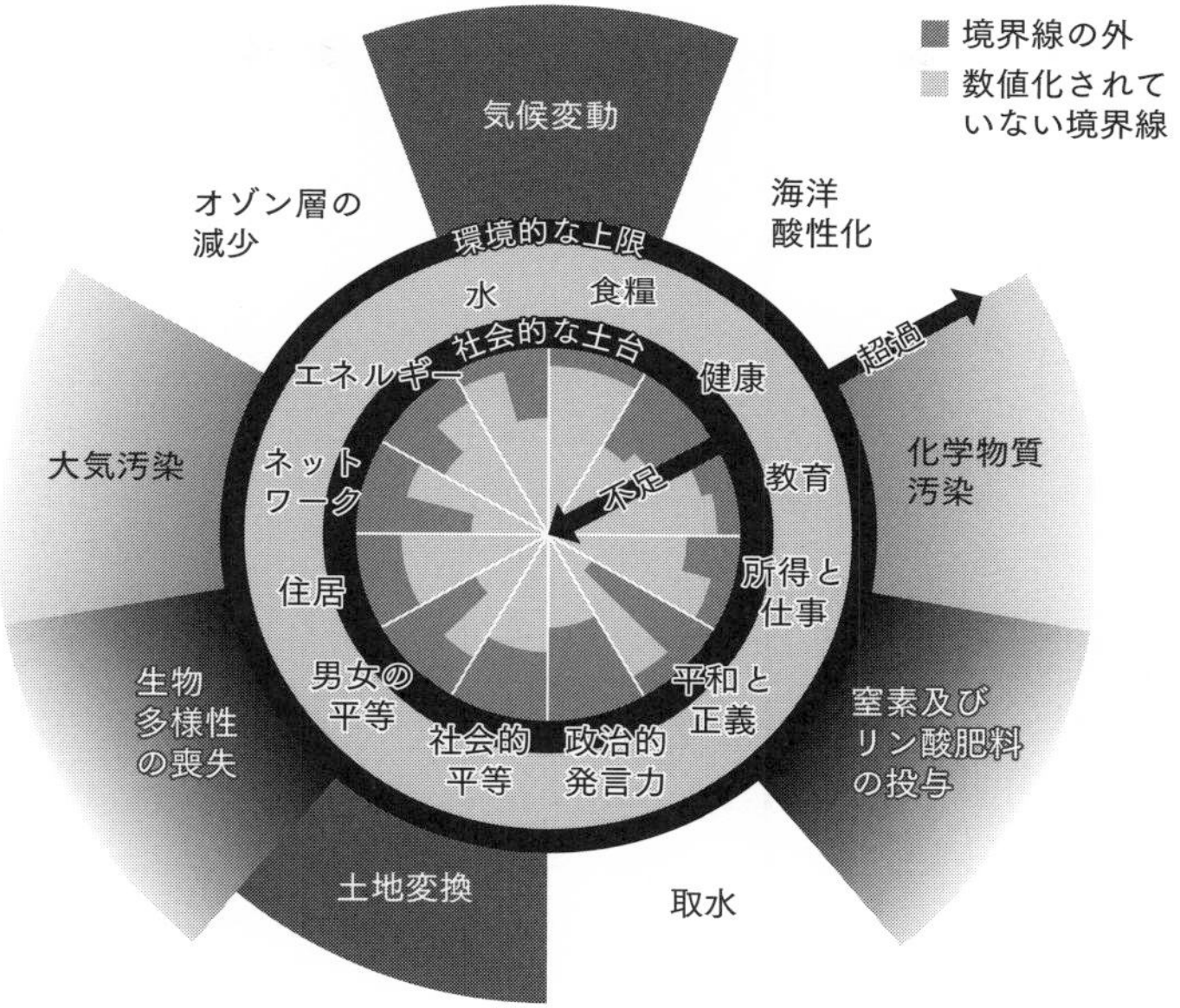

図 2-6　ドーナツ経済学の概念図

出典：ケイト・ラワース(2018).

金融市場ではE(Environment：環境)・S(Social：社会)・G(Governance：ガバナンス)への投資を評価する「ESG投資」や社会的な意義のある領域への投資である「ソーシャルインパクトファンド」の影響力が強まっています。

二〇〇六年に国連が定めたPRI(Principles for Responsible Investment：責任投資原則)が、ESG投資の基本となる環境・社会・ガバナンスの投資判断、議決権行使方針、企業との対話など六つの原則を定めました。PRIに署名した機関は二〇二二年末には約五三〇〇機関になっています。この結果、二〇二〇年のESG投資の残高は、世界で三五兆ドル（約四六〇〇兆円）に達し、金融市場における影響力は強まっており、ESGに対応しない企業へは投資が行われず、企業価値が低下するということになります。再生可能エネルギーや森林再生などに使途を限定した債券であるグリーンボンドの発行額が二〇二一年には世界で六〇兆円に達しています。スウェーデンやノルウェーの公的年金基金は化石燃料関連の企業からの投資引き上げ（ダイベストメント）など、より強力にESG投資を進めています。

これら金融市場における温暖化対策等をサステイナブル・ファイナンスと呼びます。金融機関が気候変動や温暖化対策に力を入れる理由は、地球の持続可能性が損なわれれば、予想できないほどの膨大な経済損失、企業価値の下落が発生するという危機感があるからです。

コーポレートガバナンスの見直し　資本主義の改革の動きは、企業経営のあり方においても進んでいます。コーポレートガバナンス改革などを通じて、株主中心から従業員、顧客、社会など幅広いステークホルダーの利益を考慮した経営に移行するという動きです。

英国では、上場企業の経営規範である企業統治指針（コーポレートガバナンス・コード）が改正され、従業員の声を経営に取り入れること、役員報酬の透明性の向上などが求められることになりました。米国でも、大企業のCEOらが所属する団体「ビジネス・ラウンドテーブル」で、「株主至上主義」を見直し、幅広いステークホルダーを重視する方針を表明しました。

フランスでは二〇一九年の法改正により「使命を果たす会社（Entreprise a Mission）」という新形態の会社形態が認められ、企業が利益以外の、社会や環境の改善の目標達成に責任を負うことが可能になり、社会志向をもった企業の存在が法律的にも認められました。また米国のベネフィット・コーポレーションは、二〇一〇年のメリーランド州で法制化されて以来、各州で制度が拡大しており、経済的利益だけではなく、公益、価値の創造、社会と環境・幅広いステークホルダーへの配慮が求められ、これを達成しない場合は、株主が経営陣を訴えることが可能になりました。このように、株主資本主義からの転換が進められています。

(3) 仏教経済学の示唆するもの

現在の資本主義の理論的なバックボーンは新古典派経済学です。新古典派経済学では、生産・消費のプロセスで必要とされる希少資源(労働、資本など)は原則すべて私有が許され、それらが競争的に市場で売買される想定となっています。各生産主体は競争的に利潤最大化をめざし、生産要素(労働、資本など)の雇用・購入を行います。また各個人は消費者として自分の効用が最大化するように財・サービスの購入を決め、労働者としてあるいは投資家として自分の保有する資源(労働や資本)を供給します。

新古典派経済学では、消費すればするほど人々の効用が増し、自然はすべて開発、利用すべき資源に過ぎません。また経済の過程で発生するCO_2の排出や自然破壊には無頓着で、相対的貧困や格差には無配慮です。

このような新古典派経済学については、経済学内部からも批判が出ています。フェルバー(二〇二二)は、次のように辛辣な批判をしています。「アリストテレスの言葉である。彼は経済学の考えと実践について二つの形態を挙げて明確に区別した。一つ目の形態「オイコノミア」は、すべての人間の良い生活（世帯と国民経済での）を目標にし、お金はその際、単なる手段として捉えられ、用いられる。他方で、お金の獲得と増殖が自己目的になっているもう一つの経済形態を、彼は「クレマティスティケ」と名付け、「反自然」なものだと酷評した。／経済学は、利回りと利益、GDPに注視し、「効率」を効率的な資本活用もしくは資本増殖と同一視することで、クレマティスティクスに変容してしまった。もはやエコノミクス（経済学）ではない[6]」なおここで「クレマティスティケ」というのは、「金儲けを目的とした経済活動」を意味しています。

ドーナッツ経済を現実のものにするためには、経済成長を「目的」から「手段」に切り替える必要があります。そのためには、資本主義経済がよって立つ新古典派経済学の見直しも必要になります。

環境と両立した生活、「足るを知る」重要性、仕事、労働を苦役ではなく自分を高める機会とするなどの視点から考え、自分と他人を幸福にすることを目的とした経済学があります。それは、仏教経済学です。仏教経済学は、一九六〇年代にドイツ系イギリス人の経済学者のシューマッハーが提唱し、「スモールイズビューティフル」という言葉で知られており、ＳＤＧｓやドーナッツ経済システムとも親和性があります。仏教経済学は、「自分自身と他人の幸福を達成するために富を使うこと」を研究する経済学という説明がなされることもあります。仏教経済学の見方はかなり新古典派経済学とは異なります[7]。新古典派経済学における自由とは、政府や規制からの自由、自由な選択、欲望の追求の自由です。これに対して、仏教経済学における自由とは、欲望からの自由です。人間の欲望が、脳内物質のドーパミンの刺激と関係すると考えると、人間の消費への欲望には際限がありません。消費への欲望を満たすため際限ない成長を求めると、地球環境はますます損なわれ、将来世代は困窮することになります。

仏教経済学は第7章で議論されている非WEIRD型の経済学といえます。精神面、欲望面でも仏教経済学は新古典派経済学とかなり異なる人間像を想定しています。新古典派経済学の人間像は「利己的で合理的な経済人」が想定されています。その前提として、他人の影響は受けず、自分の好みや信条などが確立した個人が存在し、すべての情報を収集して、自身で「最大限の消費で最大限の幸福を得る」ように合理的な意思決定ができるという「合理的な人間」です。同章で紹介されている「獲得的幸福」に繋がる経済思想です。

これに対し、ダライ・ラマが「心の経済学」とも呼ぶ仏教経済学の人間像は「最小限の消費で最大限の幸福を得ること」、つまり少ない消費で満足することに価値を見出すことを理想としています。(8) この考えは、「われただ足るを知る」(吾唯足知)につながり、精神面では、自分の内面と向き合うことを大事にし、さらに他者との関係の重要性、自然との向き合い方に重きをおいています。このように新古典派経済学と仏教経済学では人間の精神の想定がかなり異なります。

仏教経済学の「自由」とは「煩悩、有害な考えと行いに起因する苦悩から解放され、他の人たちや地球と相互に依存し合い、充実した意義のある生活をする能力」をもつことであり、欲望からの自由です。新古典派経済学の想定する限りない欲望の実現は、仏教経済学からみると苦しみの原因になります。

労働への見方も新古典派経済学と仏教経済学ではまったく異なります。新古典派経済学で労働は苦役であり、所得が保障されているならば労働時間は短いほどよい。これに対して、仏教経済学における労働の役割は「人間にその能力を発揮・向上させること、一つの仕事を他の人とともにすることを通じて自己中心的な態度を棄てさせること、最後にまっとうな生活に必要な財とサービスを造りだすことである」とされています。

(4)「自然の権利」という考え方――自然は開発される資源なのか

自然との向き合い方も、新古典派経済学と仏教経済学とでは異なります。新古典派経済学は、自然は資源であり、希少な資源はすべて誰かの私有になることが望ましいと考えています。最近は、この考えを改める発想も出てきて、自然環境の管理は将来世代から信託されたもの、「フィデューシャリーの原則」という考え方も生まれています。しかしこの見方も、自然を客体にしており、また人間中心の自然観です。これに対して仏教は、自然と人間を一体とした思想をもっています[9]。

西洋文化と東洋文化の自然観を比較しているナッシュ(一九九九)は、西洋文明とりわけ「ユダヤ教=キリスト教は人間と自然を二分法的に捉えた」、「聖書では、あらゆる生き物は人間の要求に応じるために創造された」と指摘しています[10]。同様に新古典派経済学では、生物も地球も人間にとって活用する資源に過ぎないとみています。これに対して、東洋の思想は、そもそも人間と自然を分ける二分法を取っていません。「東洋の宗教ではあらゆる自然物は究極的には一つであると考えられていた[11]」としています。

このように、人間と自然との相互依存を重視する仏教経済学のエッセンスは、1)私たちは他の人たちの生活の質を高めるために、それぞれの資質を活用すること、2)すべての活動に大自然と環境への配慮を欠かさないこと、3）地域でも世界的にも苦しみを減らし、慈悲を実践すること、というようにまとめることができます。

ナッシュ（一九九九）は、自然に自分を守る権利を与える、という動きについて紹介しています。一九六〇年後半にカリフォルニア南部のシエラネバダ山脈にあるミネラルキング渓谷を開発するために、ウォルト・ディズニー社が大スキー場開発に着手しました。この地域を保護してきたシエラクラブは反対運動を始めました。このときに「自然にも自らを守る法的権利を与えるべきだ」という議論が生まれてきました。「樹木の法的当事者的格」という考え方です。結局、自然の権利は判決では否定されましたが、その後の環境倫理の分野に大きな影響を与えました。さらには社会契約論でも、人間だけではなく自然も加えるべきという考えも出てきました。[12]

最近、興味深い出来事が報道されました。ニュージーランドでは先住民が河や山などの自然の開発に強く抵抗してきました。そこで、ニュージーランド政府はある河に自分を守る権利を与えました。河が主体となって自分を汚染させない権利をもったのです。[13] 六〇年前に米国で議論された自然の権利が認められたわけです。

自然への畏敬から来る自然を主体にする発想は、迷信、アニミズムの残像と思われるかもしれませんが、自然の権利の議論では、このような非WEIRD型の考え方が現代社会で意味があるということが確認されたわけです。もちろん河が権利を実行することはできないので、人間、住民が代理人として、河の立場で、自分を守る権利を主張することになります。

この点、日本はどうでしょうか。ナッシュは、『自然の権利』の日本語版への序文で次のように述べています。「尊厳に値する文明を二一世紀へと継承させていくためのもっとも価値ある二〇世紀の思想とは、「人間が自然に対して畏敬の念をもつとともに、自然の権利を認めていく」という考えのことです。このような思想は欧米の文化と比べて、日本のような非西洋的な文化では比較的、抵抗なく受け入れられています。神道やその他の日本の宗教的な信仰体系には、人間と自然との間に厳密な境界線がありません。人間以外の他の種ばかりでなく、河、山のような、いわゆる地球上の〈無生物〉も人間の畏敬の対象となっています。このような考え方からしますと、「自然には生存権があるとともに、倫理的共同体《コミュニティ》に帰属できる権利がある」という思想を理解し、その思想にもとづいて行動していくことはずっと容易なことといえます。日本の哲学、芸術、文学はこのような考え方を一〇〇〇年以上も生かしてきました。一方、西洋では、キリスト教的精神（後に、資本主義や科学を生み出すことになります）は自然を対象化し、自然を人間から引き離してきたようです。つまり、自然の搾取が現れたのです[14]」

たしかに日本では、七四三年の聖武天皇の盧舎那《るしゃな》仏建立の詔にあるように「草、木、動物、生きとし生けるもの悉く栄えん」という考えは根付いていました[15]。しかし、現代日本にはそのような考えが残っているのでしょうか。

自然の権利をどのように評価するのか。ＷＥＩＲＤ型の社会経済システムには欠けていた発想であり、「生物の多様性」同様に「価値観の多様性」の喪失を防ぎ、非ＷＥＩＲＤ型の価値を大事にする必要があります。

新古典派経済学では、将来の価値を時間割引率で評価します。時間割引率が高いほど、すなわち経済成長率が高いほど、将来の価値は低く評価されます。さらに自分の死後に人類に破滅的な危機が来ても関係ないと考えられるかもしれません。(16) 生命が有限な人間は、自分の死後の世界、「永遠」という視点でものを考えることはできません。そこで、自然という永遠に寿命を保つ主体に権利を与えることで、地球の乱開発、地球温暖化を抑制することができるかもしれません。

本当は誘惑に弱いのに、自身を客観的に見ることもできないのに自分たちは合理的であると思い込んでいる傲慢な人類に対して、自然とは資源に過ぎないという考え方を改めさせて、人類の欲望追求の自由に制約を与える仕組みが必要です。

生物や地球に自らを守る権利を与えるということは、ドーナツ経済を確立するためには有益と思います。そしてそのためには仏教経済学の考えは大いに参考になるでしょう。

注

(1) 生態系の脆弱性と人間の脆弱性そして人間の幸福の関連性(IPCC 2022, p. 1203)。

(2) 13―1は「すべての国々において、気候変動に起因する危険や自然災害に対するレジリエンスおよび適応力を強化する」、13―2は「気候変動対策を国別の政策、戦略および計画に盛り込む」、13―3は「気候変動の緩和、適応、影響軽減、および早期警戒に関する教育、啓発、人的能力および制度機能を改善する」、13―aは「重要な緩和行動や実施における透明性確保に関する開発途上国のニーズに対応するため、二〇二〇年までにあらゆる供給源から年間一〇〇〇億ドルを共同動員するという、UNFCCCの先進締約国によるコミットメントを実施し、可能な限り速やかに資本を投下してグリーン気候基金を本格始動させる」、13―bは「女性、若者、および社会的弱者コミュニティの重点化などを通じて、後発開発途上国および小島嶼における気候変動関連の効果的な計画策定や管理の能力を向上するためのメカニズムを推進する」。

(3) ラヴァリオン(二〇一八)一六、一八頁。

（4）腐敗や民主主義のレベルといった一般的なガバナンス指標と、環境に固有の要因（環境科学における知識など）の変数を組み合わせています。
（5）Holland et al.（2009）参照。
（6）フェルバー（二〇二二）四頁。
（7）ブラウン（二〇二〇）。
（8）リカール、シンガー編（二〇一九）。
（9）山本ら（二〇一五）四二頁。
（10）ナッシュ（一九九九）二二五―二二六頁。
（11）ナッシュ（一九九九）二七四頁。
（12）ナッシュ（一九九九）三一七頁。
（13）http://www.afpbb.com/articles/-/3121661
（14）ナッシュ（一九九九）九―一〇頁。
（15）詔は「乾坤相泰、動植咸栄（けんこんあいやすらかに、どうしょくことごとくさかえん）」という原文でした。このほか天台宗の「草木国土悉皆成仏（草木や国土のように心をもたないものでさえ、ことごとく仏性がある）」という考え方は日本でも古くから受け入れられてきました。日本における自然観の仏教的背景については、竹村（二〇一六）を参照のこと。
（16）ワグナーら（二〇一六）第三章は六度上昇による経済へのダメージはカタストロフィー的なものになると想定していますが、その確率は一〇％程度と想定する一方で、その損失は計算不能であるともしています。確率、損失、時点がわからない問題に対する経済学的アプローチの限界を議論しています。

参考文献

竹村牧男　二〇一六、『ブッディスト・エコロジー――共生・環境・いのちの思想』ノンブル社。

山本良一・竹村牧男・松長有慶　二〇一五、『地球環境問題を仏教に問う――温暖化地獄を仏教・密教は救えるか』一般社団法人未踏科学技術協会。

E・F・シューマッハー、小島慶三・酒井懋訳　一九八六、『スモールイズビューティフル――人間中心の経済学』講談社学術文庫。

E・F・シューマッハー、酒井懋訳 二〇〇〇、『スモールイズビューティフル再論』講談社学術文庫。

ロデリック・F・ナッシュ、松野弘訳 一九九九、『自然の権利――環境倫理の文明史』ちくま学芸文庫。

クリスティアン・フェルバー、池田憲昭訳 二〇二二、『公共善エコノミー』鉱脈社。

クレア・ブラウン、村瀬哲司訳 二〇二〇、『仏教経済学――暗い学問―経済学―に光明をあてる』勁草書房。

マーティン・ラヴァリオン、柳原透監訳 二〇一八、『貧困の経済学(上)』日本評論社。

ケイト・ラワース、黒輪篤嗣訳 二〇一八、『ドーナツ経済学が世界を救う』河出書房新社。

マチウ・リカール、タニア・シンガー編、辻村優英訳 二〇一九、『思いやりの経済学――ダライ・ラマ一四世と先端科学・経済学者たち』ぷねうま舎。

ゲルノット・ワグナー、マーティン・ワイツマン、山形浩生訳 二〇一六、『気候変動クライシス』東洋経済新報社。

Holland, T. G., Peterson, G. D., & Gonzalez, A. 2009, “A cross—national analysis of how economic inequality predicts biodiversity loss”, *Conservation biology*, 23(5), pp. 1304-1313.

IPCC 2022, Climate Change 2022: Impacts, Adaptation and Vulnerability https://www.ipcc.ch/report/ar6/wg2/

Lakner, C., & Milanovic, B. 2015, “Global income distribution from the fall of the Berlin Wall to the great recession”, *Revista de Economía Institucional*, 17(32), pp. 71-128.

Milanovic, B. 2009, Global inequality recalculated: The effect of new 2005 PPP estimates on global inequality, MPRA paper No. 16538.

3　環境と経済成長

諸富　徹

はじめに――環境と経済は対立するのか？

（1）環境問題は、資本主義／無限の経済成長の結果？

長らく、環境と経済は対立する関係だとみなされてきました。つまり、経済が成長すると環境を悪化させる一方、環境を保全しようとすると経済を悪化させるトレード・オフの関係だ、というわけです。前者は「資本主義／経済成長性悪説」につながってきました。これに対して後者は、「環境政策悪玉論」につながってきたのです。

この点、少し説明をいたしましょう。前者の考え方では、環境が悪化する原因は「経済成長の無限の追求」や「資本家による飽くなき利潤追求」に求められます。これらはたしかに資本主義経済の本質に根差しますから、資本主義が存続する限り、環境問題は解決しないことになります。あらゆる環境政策は資本主義を延命させる「煙幕」にすぎず、資本主義から脱却して「脱成長コミュニズム」に移行しない限り、環境問題は解決しないとの主張もみられます（斎藤 二〇二〇）。

こうした「資本主義／経済成長性悪説」の主張は、マルクス主義の信奉者に多くみられますが、必ずしもそれに限られません。マルクス主義とは立場は異なるのですが、「物質代謝論」と総称される立場は、「経済成長の無限の追求」が環境問題の根本原因だと考え、それを根源的に批判します。この点で実は、「無限の資本蓄積」「飽くなき利潤追求」を根源的に批判するマルクス主義と、用語法こそ異なりますが、論理的に共通性をもちます。

物質代謝論に大きな影響を与えたのは、ニコラス・ジョージェスク＝レーゲンの『エントロピー法則と経済過程』です(Georgescu-Roegen 1971)。彼は、無限の経済成長の結果、自然界の同化・吸収能力は破壊され、生態系が危機に至ると指摘しました。

ここから、危機を回避するには経済活動を、生態系が壊れない範囲に抑制すべきだという命題が引き出されます。現代的にいえば、私たちの経済を「惑星の限界(プラネタリー・バウンダリー)」の範囲内に収めなければならない、という考え方です。これはJ・S・ミル以来、多くの論者によって唱えられてきた「定常経済論」とも親和性をもちます(Mill 1948)。つまり、両者とも「もう経済成長はやめよう」と呼びかけているわけです。それが環境問題を解決する近道であり、経済が成長しなくても豊かさを維持できるではないか、と問題提起しているのです。

これら「反資本主義論」、あるいは「脱成長論」の主張は、たしかに環境問題の原因に関する一側面を鋭く言い当てています。実際、気候変動問題の進行は、惑星の限界の存在を私たちに意識させます。しかし、本当に経済成長の追求を止めることや、資本主義から脱却してコミュニズムに移行することが、環境問題の解決につながるのでしょうか。

二〇二〇年初頭から世界に広がったコロナ禍は、脱成長論者の主張を社会的に実験したといえるでしょう。世界各国で導入されたロックダウンで経済が麻痺した結果、たしかに温室効果ガスの排出は前年比七％減と、産業革命以降でもっとも大きく減少しました（国立研究開発法人海洋研究開発機構／気象庁気象研究所プレスリリース「コロナ禍によるCO_2等排出量の減少が地球温暖化に与える影響は限定的」二〇二一年五月七日）。しかし、多くの人々が職を失って貧困や所得低下に苦しみ、また多くの中小企業は事業存続の危機に直面しました。こうした経済停滞は、低所得者層により大きな打撃を与えることになったのです。彼らを支えるため、各国政府は莫大な財政資金を投じなければなりませんでした。

こうした状況が恒久的に続けば温室効果ガスの排出量は減りますが、代わりに深刻な社会的危機が発生します。それを救うために、国家は国債を発行して財政を膨張させなければならなくなります。結局、こうした状況は長く続けることはできないのです。そして脱成長論のもう一つの大きな問題は、技術革新の役割を軽視している点です。

（2）技術革新の果たした役割

かつて高度経済成長期に日本は、激しい公害問題に悩まされました。私たちは、これらの問題の多くを、完全にとはいわないまでも、多大なる努力で克服してきました。それは、資本主義からの脱却や脱成長で実現できたのでしょうか。現実は、その逆でした。日本は資本主義経済であり続けたどころか、現在よりもはるかに高い経済成長を実現しつつ、同時に公害問題を克服したのです。

日本が公害を克服しえたのは、資本主義を廃絶したり、経済を縮小させたりして汚染物質を減らしたからではなく、①汚染物質のより少ない燃料／原料に転換し、②汚染物質排出のより少ない製法への転換を進め、さらに、③汚染物質を取り除く技術の装着を進めたからに他なりません。つまり、問題克服の多くが技術進歩／技術革新によって可能になったのです。

もっとも、放っておいてこれらが可能になるわけではありません。当時、きれいな環境を求める強い世論を背景に、世界でもっとも厳格な環境規制が日本で導入されたことが、こうした技術革新を可能にしたのです。つまり資本主義の廃絶や脱成長ではなく、世論と規制の力で資本主義経済における技術進歩の方向を変え、民間企業の投資のあり方に修正を加えさせたことが、環境問題の解決につながったのです。日本の公害問題の先駆的研究者である宮本憲一は、環境問題の原因をすべて資本主義に還元し、体制変革を唱える「体制還元論」を戒め、資本主義の下でも公害問題を克服する「中間システム」の重要性を強調しました(宮本 二〇〇七)。

脱成長論者は、技術革新とそれを引き起こす環境政策の役割、さらにはその背後にある国内世論や環境保護運動の力を見ていないか、あるいは軽視しています。これでは、現実に生じる資本主義のダイナミズムを正確に捉えた説明理論たることはできないのではないでしょうか。資本主義は自動機械のように動くのではなく、政府による規制や社会運動の力によって柔軟に変化します。それが、資本主義が幾度の危機にもかかわらず、その度に強靭性を示して生き残ってきた理由でもあります。

さらに、厳格な環境規制の下でなぜ技術革新が起きるのか、この点もよく考えなければなりません。資本主義経済は、良くも悪くも企業の利潤追求を動機とする経済システムです。厳格な環境規制が導入された場合、競争に勝ち抜いて生き残るには技術革新を引き起こし、汚染物質を削減するしか術がないのです。私たちは、往々にして非難されがちな資本主義の利潤動機こそが、技術革新を引き起こす原動力になってきたという現実を見なければなりません。

(3) 環境政策は経済成長の足を引っ張るのか?

経済と環境の関係に関する、これとは対極の立場が「環境政策悪玉論」です。これは、環境保全と経済成長がつねにトレード・オフの関係にあると考え、環境保全はつねに経済成長の足を引っ張ると主張します。日本でいえば、企業経営者や経団連などの経済団体が、よくこの立場に立った発言をするのを、読者の方々も見聞きしておられると思います。これも、本当にそうなのか、よく考えてみなければなりません。

たしかに、この主張は環境問題の一側面を言い当てています。上述しましたように、環境問題を解決するには技術進歩に向けて研究開発投資を行ったり、新しい技術を生産現場に実装したりしなければなりません。それには、お金がかかります。この投資コストは企業にとって、利益を減少させる要因となります。なぜならそれは、彼らの製品・サービスの向上に直接的に関係がないからです。環境をよくする技術は通常、企業の利益に直結しません。

しかし、環境政策はつねに企業に打撃を与えるのでしょうか。あるいは、一国の産業競争力や経済成長に、必ず負の影響を与えるのでしょうか。いや、そうではないと主張したのが、経営学者として著名なハーバード大学のマイケル・ポーター(Michael E. Porter)でした。彼は環境規制がイノベーションを促し、むしろ当該国/当該産業の競争優位を高めうることに注意を向けました。彼は豊富な事例研究に基づいてそれを論証し、環境規制にイノベーション促進という積極的な意味づけを与えようとしたのです(Porter and Linde 1995、浜本 一九九七)。

現実の環境政策でも、「環境政策悪玉論」への有力な反例を出すことができます。自動車の排ガス規制としての「日本版マスキー法」です。「マスキー法」とは、一九七〇年に米国のマスキー上院議員が自動車の排ガスを一〇分の一にまで削減することを目指した野心的な規制法案を指します。

当時、世論の強い後押しもあって日本はこれと同等レベルの規制を一九七八年に導入しました(「日本版マスキー法」)。しかし産業界はこれに反対し、当時の日本興業銀行(現みずほ銀行)調査部などは、日本でマスキー法レベルの規制が導入されれば、自動車メーカーは大打撃を受け、大幅な雇用減少(九万四〇〇〇人)が生じると警告さえしていました。

しかし、日本の自動車メーカーは技術革新(触媒装置の開発)で世界に先駆け、この規制を見事に乗り越えたのです。さらに燃費の向上を図り、排ガスそのものの低減に成功しました。日本車の燃費の良さは、一九七〇年代の二度の石油ショックを経てガソリン価格が大きく上昇したタイミングで、競争優位の大きな源泉となりました。これが、日本が北米市場を足掛かりに、世界で成功を収める重要な一要因となったのです。これは、ポーター仮説の代表的事例といえるでしょう。

こうした輝かしい実績から日本はかつて、「環境先進国」と見なされていました。しかし一九九〇年代以降の日本はもはや環境先進国とはいえず、気候変動政策の領域ではむしろ、他国に劣後するようになりました。こうした劣後は、日本で「環境政策悪玉論」が跳梁跋扈《ちょうりょうばっこ》し、支配的言説となってしまったことと深い関係があります。

以下では、これまでの研究蓄積や過去三〇年間の世界の気候変動政策の経験から、こうした「環境政策悪玉論」には妥当性がないことを明らかにしていきたいと思います。

1　気候変動政策と経済成長

(1)「脱炭素化」を躊躇する日本

地球温暖化とその原因が科学的に立証された以上、人類が生存し続けるためには「脱炭素化」は不可避となります。ところが日本では「環境政策悪玉論」が蔓延し、「環境保全に取り組むこと＝利益を減らすこと」という考え方が支配的でした。結果、対策は遅れに遅れて世界の脱炭素転換についていけず、多くのビジネス・チャンスを失う結果に陥りました。

筆者はかつて、温室効果ガスの排出削減への取り組みを強めることが、同時に経済成長戦略になりうると主張したことがあります(諸富・浅岡 二〇一〇)。しかし日本企業はその後も脱炭素化をコスト上昇要因、つまり競争阻害要因として捉え、温暖化対策の前進に躊躇してきました。このことは、多くのデータが示しています。

図3-1は、日本のエネルギー多消費型産業が、付加価値を一単位生み出すのにどれだけのエネルギーを消費しているか(「エネルギー消費原単位」)を示したものです。これをみると、第一次石油ショックと第二次石油ショックを契機に、原単位の改善が一挙に進んだことが分かります。しかし、こうした危機が去った一九八〇年代後半以降、エネルギー消費原単位はほとんど改善されなくなり、停滞状

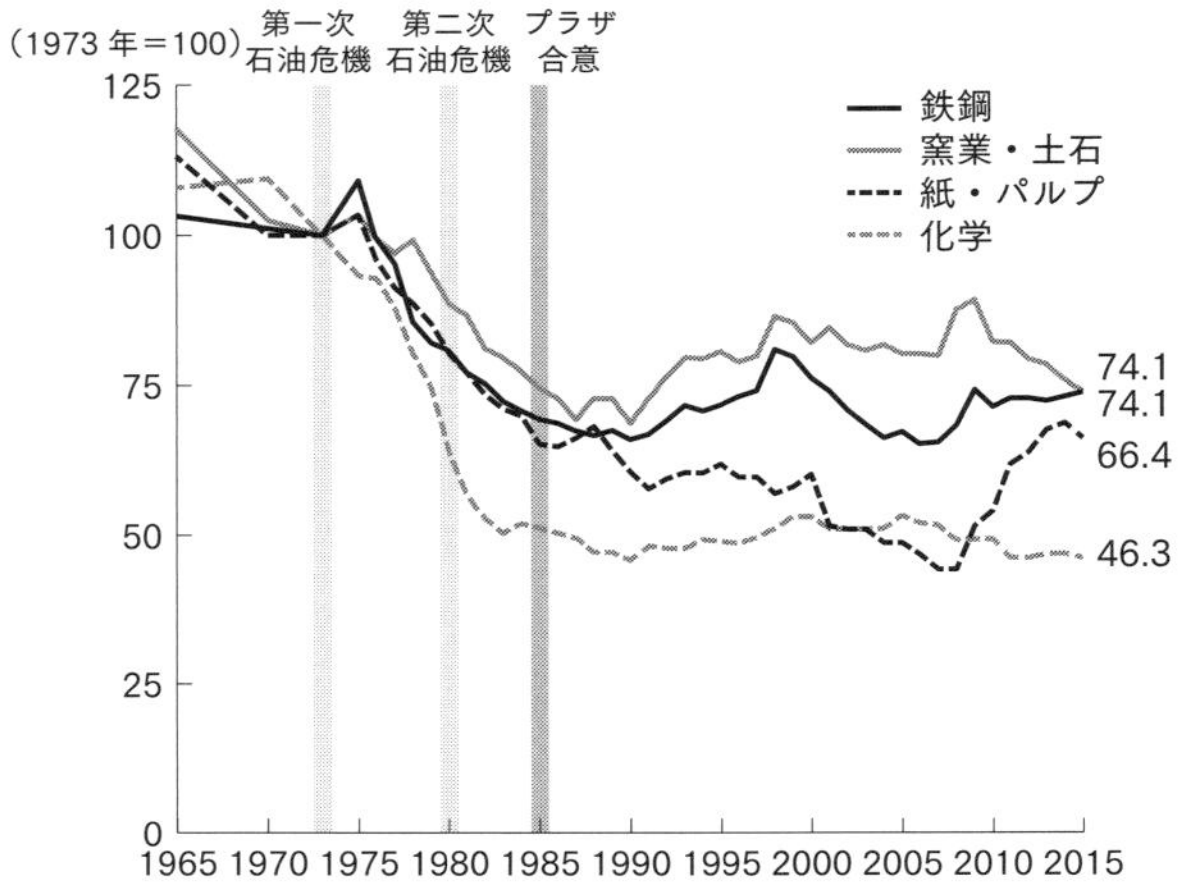

図3-1　エネルギー多消費型産業4業種の製造業IIP当たりエネルギー消費原単位の推移

出典：環境省「カーボンプライシングのあり方に関する検討会」取りまとめ参考資料集(2018年)，スライド166枚目．
備考：製造業IIP当たりエネルギー消費原単位とは，業種別エネルギー消費量を業種別生産指数(付加価値ウエイトIIP)で除した値．

態が今日まで続いています。

(2) 脱炭素化を進める国々の方がむしろ成長している

図3-2は日本、スウェーデン、フランス、カナダの四カ国について、一九九〇年を一〇〇とした場合のGDPとCO_2排出量の伸び、そして炭素税率の推移を示したものです。このなかで、スウェーデンとフランスは明確に「デカップリング」の傾向を示しています。デカップリングとは、経済成長とCO_2排出量の伸びを切り離すことを意味します。二〇世紀には、前者が伸びれば後者もそれに連動して伸びる関係にありました。しかし二一世紀に入ると、経済が成長してもCO_2排出量は逆に減少するという傾向を、いくつかの国々が示すようになったのです。こ

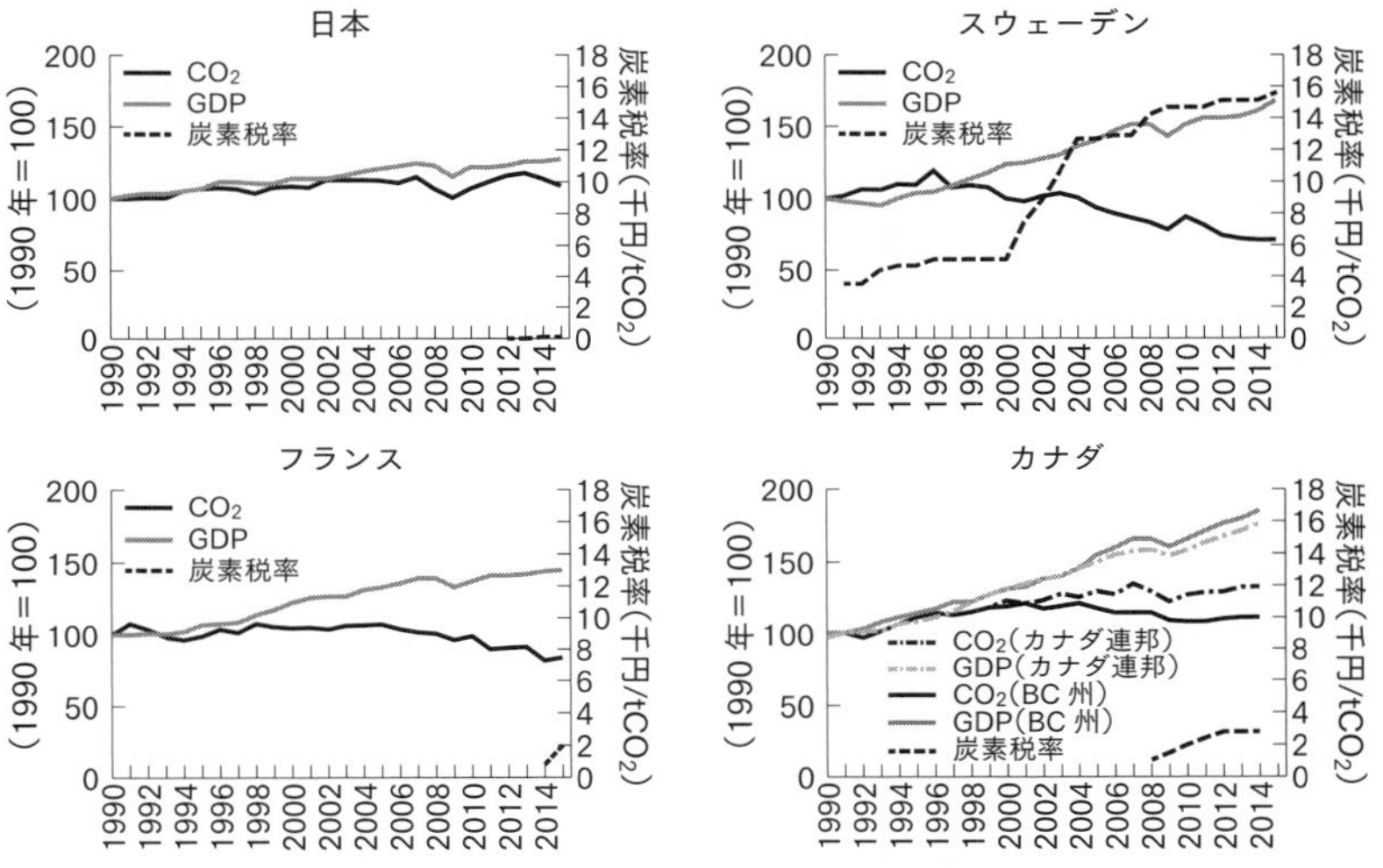

図 3-2　4 カ国の「デカップリング」(GDP と CO_2 排出量の切り離し)

出典：東京都税制調査会平成 30 年度第 1 回小委員会資料 5「環境関連税制に関する分科会報告(概要版)」16 頁，みずほ情報総研作成.

れは、二一世紀型の「脱炭素経済」の台頭を予感させます。

これに対して日本は、GDPとCO_2排出量がほぼ比例的に伸び、デカップリングしきれていないことが示されています。カナダは、二〇〇〇年頃までは日本と同様に、成長率とCO_2排出量の伸びが比例的に推移していましたが、それ以降、デカップリング傾向を示すようになりました。同様のデカップリング傾向はイギリス、ドイツでも観察されています。

温暖化対策は、経済成長を阻害すると長らく主張されてきました。もしそうなら、温暖化対策に熱心でない国々の方が、経済成長率が高いはずです。しかし現実は、その逆です。図3－2では、日本よりも高い炭素税率をもつ国々のほうが、日本よりも高い成長を実現しています。日本は成長も

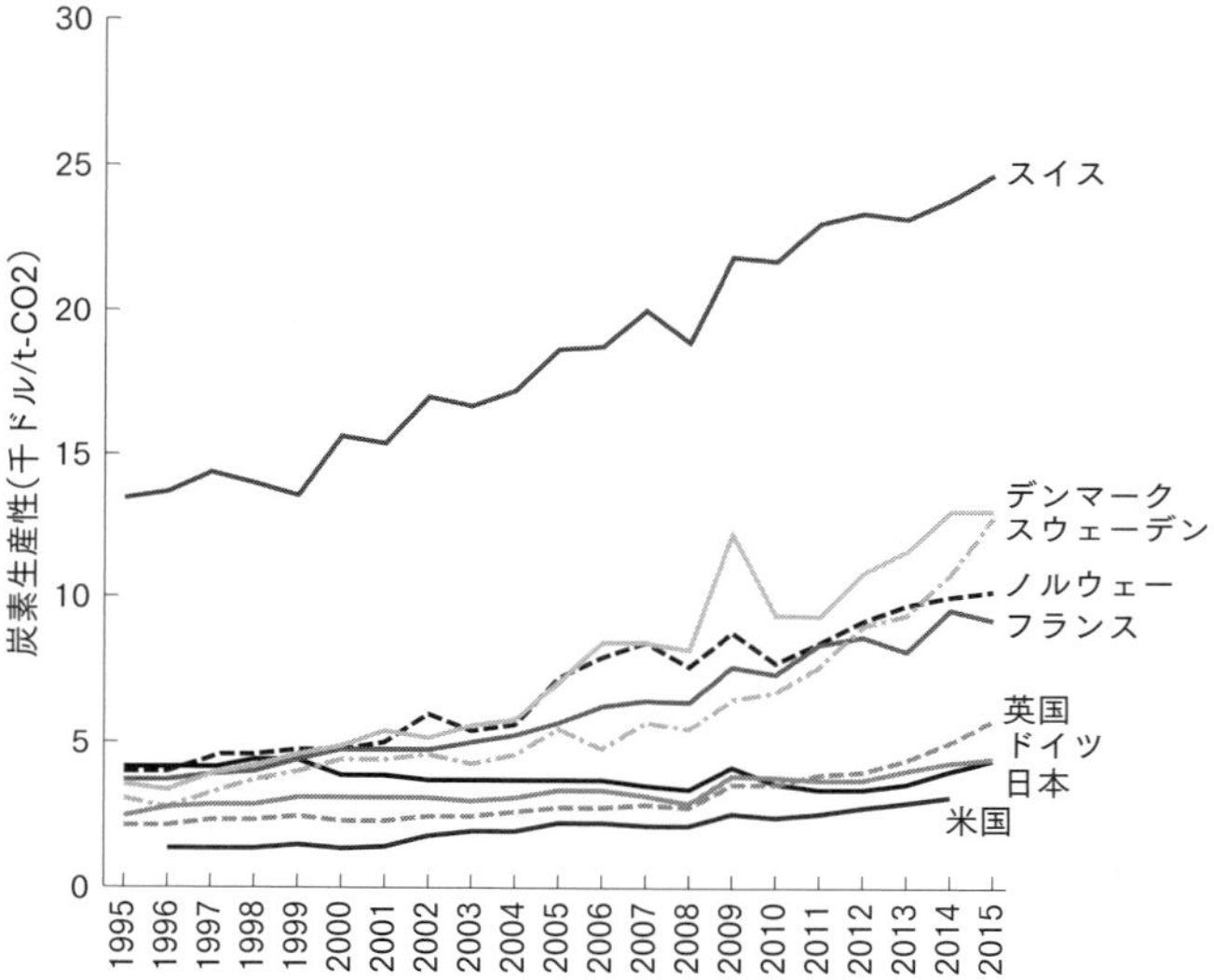

図 3-3　主要国第二次産業の炭素生産性の推移(当該年為替名目ベース)

出典：環境省「カーボンプライシングのあり方に関する検討会」取りまとめ参考資料集(2018 年), スライド 61 枚目.

できなければ、CO_2の減少もままならないという、非常に残念な事態に陥っているのです。

このことは、「炭素生産性」の国際比較を行えば、より明瞭となります。「炭素生産性」とは、その国のＧＤＰをCO_2排出量で除した値となります。「労働生産性」は、ＧＤＰを就業者数で除して算出しますが、この就業者数をCO_2排出量で置き換えれば「炭素生産性」となります。一単位のCO_2排出を許容する代わりに、付加価値(ＧＤＰ)をどれだけ生み出せるかをみることで成長の質を測ろうとする指標だと理解してください。

図３-３は、主要国の第二次産業における炭素生産性の推移を示しています。これをみると、日本は一九九五年

時点でスイスに次いで第二位の水準だったことが分かります。しかし日本の炭素生産性の伸びはその後、停滞したために次々と他国に抜き去られました。二〇一五年には米国に次ぐ最下位水準にまで低落しています。

いったいなぜ、このようなことになってしまったのでしょうか。このことを考えるために、日本と対照的に図3－2でもっとも高い税率の炭素税をもち、もっとも明瞭なデカップリングを実現しているスウェーデンをより詳しく見ていくことにしましょう。

2　スウェーデンはなぜデカップリングを実現したのか
――産業構造転換は不可避

(1)　成長率でも賃金上昇率でも日本を上回るスウェーデン

まず、スウェーデンはどのようにデカップリングを達成したのでしょうか。同国は、一九九〇～二〇一七年の期間に、経済は成長する一方(七八％増)、CO_2排出を削減(二六％減)しました。また、一九九一年に炭素税を導入し、その後、税率を段階的に引き上げて現在では世界でも最高水準の炭素税率を有するなど、一九九〇年代初頭から温暖化対策で世界の先頭を走ってきました。スウェーデンは二〇一八年一月には「気候法」を発効させ、脱炭素化の方針を鮮明にしています。そのなかで二〇四五年を目標年次とし、それまでに森林などによるCO_2の吸収分も考慮して「正味ゼロ排出」の実現を明記し、脱炭素化の目標を法定化したのです。

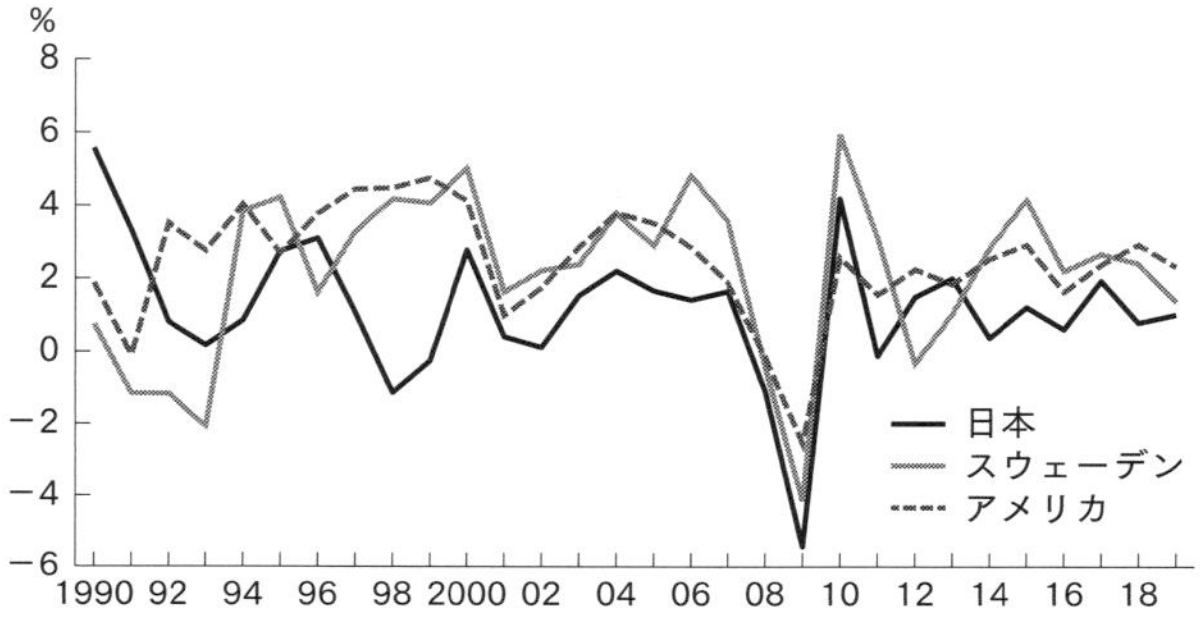

図 3-4　日本，スウェーデン，アメリカの実質経済成長率の推移

出典：OECD Data, "Real GDP Forecast" より筆者作成.

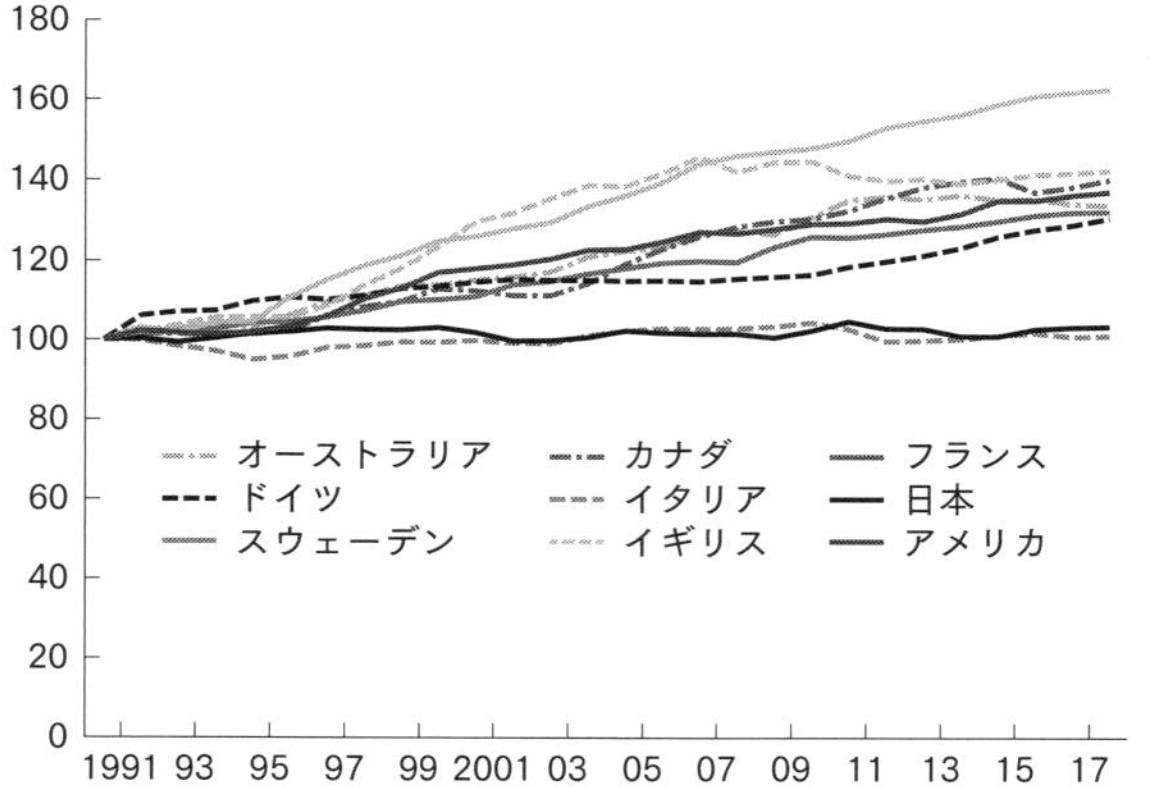

図 3-5　OECD 主要国の平均賃金の推移(1991 年＝100 とする)

出典：OECD, Stat, Average Annual Wages 各年度版より筆者作成.

これほどの野心的な排出削減目標を掲げ、実行していけば大きな悪影響をスウェーデン経済にもたらすように思えます。ところがスウェーデンは図3－4が示すように、一九九〇年以降の過去三〇年間、ほぼ一貫して日本よりも高い経済成長率を記録してきました。一九九〇～二〇一九年の三〇年間で日本よりも成長率が低かったのは、バブルが崩壊した一九九〇年代初頭とリーマンショック、および欧州債務危機の時期のみです。

さらに賃金水準も、過去三〇年間低迷する日本と異なって、一貫して上昇し続けています。図3－5は、一九九一年の賃金水準を一〇〇とした場合の、OECD主要国の賃金水準の推移を示しています。日本の賃金が三〇年間ずっと横ばいだったのに対し、スウェーデンは一貫して上昇し続けており、日本と好対照をなしています。

これらのデータから、スウェーデンが本格的に気候変動政策に取り組み始めた冷戦終結後の一九九〇年代初頭以降、経済成長率でも賃金水準でも、一貫して日本よりもはるかに好ましいパフォーマンスを示してきたことが分かります。温暖化対策は経済成長を阻害するとの主張は、こうして現実によって完全に覆されています。それどころか、熱心にCO_2の排出削減に取り組むことが、成長を促した可能性すらあります。

(2) 福祉国家が産業構造転換を促すメカニズム

スウェーデンが世界でもっとも先駆的な気候変動政策を導入しながら、日本よりもはるかに高い成長率、賃金上昇を実現できた理由は、いったい何でしょうか。第一は、産業構造の転換です。つまりスウェーデン産業の中心が、炭素集約的な重化学工業から、情報通信やデジタル化されたサービスなど知識産業へと移行したのです。後者は前者に比べ、CO_2排出が少ない一方、収益性や生産性がより高いという特徴があります。現在の産業構造を温存したままCO_2の排出削減を実現しようとしても、大きな技術的困難があります。しかしスウェーデンの場合、産業構造を転換し、知識集約的でより付加価値が高いけれどもエネルギー集約的ではない産業領域に企業が積極的に進出することで、デカップリングを可能にしたのです。

スウェーデンはたしかに、VOLVOに代表される自動車産業など、北欧四カ国のなかではもっとも製造業に強みをもつ国だといえます。他方で、家具製造・販売のIKEA、ファストファッションのH&M、デジタル音楽配信サービスのSpotify、ビデオ会議サービスのSkypeなど日本でも誰もが知る、デジタル化され、そして事業をグローバル展開する新興企業を次々と輩出する国でもあります。スウェーデンの総人口がわずか約一〇〇〇万人であることを考えると、これは驚くべきことです。

その背景には、起業を促す土壌に加え、労働市場が柔軟で、企業から企業へ、産業から産業へとより高い賃金を求めて移ることを労働者が厭わないという事情が寄与しています。それを可能にするのが福祉国家スウェーデンの手厚い人的資本投資です。

労働者が失業しても失業手当に加え、家族手当、住宅手当が支給され、生活が保障されます。さらに、公的な教育訓練投資が充実しており、新たなスキルを身に着けることができます。こうした手厚い人的資本投資が、労働者の起業や転職を後押ししているといえるでしょう。

スウェーデンがデカップリングを実現できた第二の理由は、カーボンプライシングの存在です。スウェーデンの高い炭素税や欧州排出量取引制度(EU ETS)は、産業構造を脱炭素型でより付加価値の高い産業分野に転換することを促す原動力になっています。

カーボンプライシングが導入される前と後とでは、炭素集約型産業の利益率は大きく異なります。カーボンプライシングが導入されれば、利益を十分に上げられなくなった炭素集約産業は縮小や撤退、あるいは新しいビジネスへの転換を迫られます。そこで雇用されていた労働者は、脱炭素型でより付加価値の高い産業に移っていきます。こうしたメカニズムが作用することで、産業構造転換が促されます。カーボンプライシングは、産業構造を脱炭素化の方向に誘導することによっても、温室効果ガスの排出を削減するのです。

3　日本はなぜ転換できないのか

(1) 日本の産業界が温暖化対策に熱心でなかった理由

では日本はなぜ、成長もできなければCO_2も減らないという状況に陥ってしまったのでしょうか。最大の要因は、日本企業が気候変動問題を産業上の課題として受け止めてこなかったからです。経団連をはじめとする日本の産業界は、さすがに「温暖化懐疑論」を唱えることはありませんでした。気候変動問題が現実に起きており、それが人為的要因によるものだと認めてきました。

しかし彼らは、日本が大幅な排出削減を行う必要はないとの立場をとっていました。筆者は、排出量取引制度の導入をめぐって二〇〇八〜二〇一〇年頃に経団連と論争した際、何度も彼らからこうした主張を聞かされました。その理由は次の通りです。

第一に、日本は石油ショック以来、劇的に省エネを進め、もはやこれ以上の省エネの余地はないというわけです（「乾いた雑巾」論）。

第二に、日本は世界でも最高水準の省エネ技術をもっており、それを中国や東南アジアなどに移転しさえすれば、日本よりも低コストではるかに大きな削減が可能になるという論拠です。世界のどこかで排出削減しなければならないなら、これまで努力を行い、コストの高くなっている日本ではなく、他国で削減すればよいではないか、との論理です。

さらに第三に、日本で温暖化対策を実行するコストが高すぎて、産業の国際競争力を弱めるとの主張が一貫してなされてきました。これは、「環境政策悪玉論」そのものです。

第四に、化石燃料から再生可能エネルギー（以下「再エネ」）への転換に対して、経済産業省と産業界はきわめて冷淡でした。その理由は、再エネは発電コストが高く、天候によって左右される不安定な変動電源だというものです。実際、二〇一一年の福島第一原発事故を経てなお経団連は、再エネを劇的に増やす政策手段として二〇一二年に導入された「固定価格買取制度（Feed-in Tariff: FIT）」に反対していました。

以上の論拠が、もはや正当性をもたないことは明らかです。再エネはいまや、コスト的にもっとも有利な電源となり、その変動性を克服する系統運用技術や電力市場設計が可能であることもようやく知られるようになってきました。再エネの調達はコスト増要因どころか、競争優位の源泉となり、大手企業は先を争ってその導入に努めるようになっています。しかも、自社の取引先（スコープ3）まで含めたサプライチェーン全体での脱炭素化が可能か否かが、いまや市場での生き残りの条件にすらなってきました。これまでの産業界の認識のままでは、市場競争の土俵にすら上がれなくなる恐れが出てきました。実際、菅義偉前首相がカーボンニュートラルを掲げると、経済産業省や経団連はそれまでの方針を撤回し、二〇五〇年にカーボンニュートラルを達成すべく、慌てて取り組みを始めたのです。

（2）気候変動問題の軽視が日本の産業を弱体化させた

しかし過去三〇年間、地球温暖化の脅威を深刻に受け止めず、産業の変革を怠ってきたツケはきわめて大きいといわざるをえません。

第一に、再生可能エネルギーが圧倒的に足りない状況に日本は陥っています。二〇二一年の総電力量に占める再エネ発電の割合は、二割超(二二・四%：環境エネルギー政策研究所[ISEP]の試算による)でしかありません。ちなみに同じ先進工業国のドイツでは、二〇二二年の再エネ比率が四六・九%に上昇し、約五割が目の前に迫っています。

日本でも産業界はいまや圧倒的に、再エネで発電された電力を求めています。なぜなら、「脱炭素」が国際標準になるにつれて、製品・サービスの生産過程だけでなく、その流通過程まで含めて脱炭素化することが求められるようになったからです。米アップル社は、アップル製品の部品を製造する取引先企業に対して、いずれ使用電力を一〇〇%再エネで賄うよう求めています。それが実現できなければ、アップル社の取引先の地位を失う恐れがあるからです。しかし、日本の再エネ導入量が総電力量の約二割では、再エネ需要に対して供給がまったく足りない状況です。このままでは日本製品は、大量のCO_2を排出して製造されたという理由から国際競争力を失うことになりかねません。

第二に、日本企業が脱炭素化および再エネを重視しなかったため、脱炭素化に必要な製品・サービス群で国際競争力をもたないという深刻な状況があります。例えば一九九〇年代から二〇〇〇年代前半まで、立ち上がりの早かった日本の太陽光パネルメーカーは強い国際競争力をもち、世界シェアの半分近くを握っていました。しかしその後シェアは急落、いまや一割にも満たない状態です。風力発電機メーカーについても、三菱重工業、日立製作所、日本製鋼所などの主要メーカーが、相次いで開発・生産から撤退しました。本来ならば、FITを早期に導入して日本の再エネ市場を拡大しつつ輸出産業を育成し、規模拡大によるコストダウンを後押しして、日本メーカーの競争優位確立を促す戦略を描くべきでした。

(3) 日本経済の命運を握る自動車産業の帰趨

脱炭素化の軽視は、自動車産業にも暗雲をもたらしています。日本は伝統的に内燃機関車で国際優位を築いてきたため、電気自動車(以下「EV」)への転換に躊躇してきました。約三万点の部品を必要とするガソリン車から約一万点の部品で済むEVに切り替えれば、部品メーカーを傘下にもつ日本の自動車産業に大きな影響を与え、現在の規模を維持できなくなることは間違いありません。このことが、自動車メーカーの決断を遅らせてきました。

ハイブリッド車で環境性能の向上に成功したという自負も、EVへの転換を遅らせました。トヨタ自動車の豊田章男前社長は、「EVだけが脱炭素化への解ではない」と主張していました。これは、たしかに一理あります。走行段階ではEVのCO_2排出はゼロですが、日本の電源構成に占める火力発電の比率は七一・七%(二〇二一年)にも及ぶため、EVに給電する電気の発電時にCO_2が大量に出てしまいます。こうした状況では、ハイブリッド車などの燃費を高めることが、EVに対する脱炭素化への代替手法になりうるというわけです。

しかし、日本も電源構成の脱炭素化に舵を切っています。発電部門の排出が将来ゼロになったとき、ガソリン車/ハイブリッド車から依然としてCO_2を排出し続けることが正当化できるでしょうか。自動車からの排出をゼロにするには結局、電源の脱炭素化とEVの普及を車の両輪として進める以外にありません。どちらかが進んでいないことを理由に、他方の努力が否定されるべきではありません。

日本の自動車メーカーがEVへの転換に躊躇している間に、世界ではEVの販売台数が指数関数的に伸びる拡大期に入りました。二〇二一年の自動車販売総数に占めるEVの比率は、全米こそ約三%とまだ低水準ですが、カリフォルニア州ではすでに九・五%に達しています。EUでは九・一%、中国では約一一%、二〇二二年前半に限ってみればなんと一八・四%と、約二割になっています。世界全体でも、EVは自動車総販売総数の約一割に達し、前年度の一・五倍に急伸しています(二〇二二年一～一一月の期間で集計した数値、『日経新聞』二〇二二年一二月二九日電子版「EV、日本勢五%に低下　世界シェア」)。

日経新聞の上記記事によると、二〇二二年のEVの世界販売総数に占める割合は中国のメーカーが四割、米国メーカーが三割、欧州が二割となる一方、日本メーカーは五%以下に留まるとのことです。

日本の自動車メーカーはかつて、三菱自動車が二〇〇九年に世界初の量産EVの「アイ・ミーブ」を、日産は二〇一〇年に「リーフ」を発売、当時は日本勢が世界シェアの約七～九割を握っていました。ところが、これから世界が電気自動車の本格的な拡大期に入るというそのときに、日本メーカーが存在感を低下させる事態となっています。彼らのEV軽視が、取り組みの遅れを招いたことは間違いありません。

しかし今後も間違いなく、EV市場は急速な拡大を遂げるでしょう。もし日本メーカーによるEV軽視が今後も続けば、この拡大市場でシェアをとれず、彼らは縮小する内燃機関自動車の市場と運命を共にすることになるでしょう。自動車産業は、最後に残った日本の輸出産業です。それが国際競争力を失って敗退することは、日本経済の発展にとっての大打撃を意味します。

4 気候変動政策をどう経済成長につなげるか

(1) カーボンプライシングの影響をシミュレートする

以上までで、「資本主義／経済成長性悪説」と「環境政策悪玉論」の両者を批判しつつ、環境政策に先駆的かつ熱心に取り組むことが、むしろ経済成長を導くと主張してきました。さまざまなデータや根拠を示してきたつもりですが、まだ半信半疑の読者もおられるかもしれません。そこで本節では、日本が二〇五〇年に脱炭素化することが日本経済にどのような影響を与えるかをシミュレートすることにします。

以下の内容は、筆者が代表を務める京都大学再生可能エネルギー経済学講座で実施した共同研究の成果の要約である点をお断りしておきます。これは、李秀《イ・ス》澈《チョル》名城大学教授主導のもと、京大再エネ講座と英国ケンブリッジ・エコノメトリクス(Cambridge Econometrics)との共同研究として行われたものです。その成果は二〇二一年五月に再エネ講座ディスカッションペーパーとして公刊され、その後、英語版が査読付き国際ジャーナルに掲載されています(李他二〇二一、Lee et al. 2022)。

さて、得られた結果は、私たちの事前予想を上回るものでした。結論を先に申し上げれば、次のようになります。このシミュレーションでは、炭素税を導入しつつ二〇五〇年に脱炭素化を実現するものとします。「E3ME モデル」と名づけられたマクロ計量モデルを用いてシミュレーションを行った結果、日本のＧＤＰはそうでない場合に比べて約三%から最大で約四・五%上昇するという結果がえられたのです。二〇五〇年脱炭素化は経済に打撃を与えるどころか、むしろその成長を促すというわけです。

この分析では、「レファレンスシナリオ」を次のように設定しました。これは、日本経済が現状のまま二〇五〇年まで推移したときのＧＤＰとCO_2排出量を予測する作業になります。本分析では、日本エネルギー経済研究所の「IEEJ OUTLOOK 2021」におけるレファレンスシナリオを採用しました。それによれば、二〇五〇年に向けて日本経済は年率平均〇・七%で成長、二〇五〇年に最終エネルギー消費は二〇一八年比で二〇・八%減少するものの、発電量は逆に三・〇%上昇し、エネルギー起源CO_2排出量は三一・七%減少する、となっています。脱炭素化に向けた炭素税導入の政策効果は、日本経済がこのレファレンスシナリオから上方、あるいは下方へどれだけ乖離するかで評価されます。

次に重要なのが、二〇五〇年カーボンニュートラルに向けた「政策シナリオ」の設定です。政策の中核に座るのは、炭素税になります。税率は二〇二一年の五〇米ドル(約六六〇〇円)/CO_2-tから比例的に上昇し、二〇四〇年には四〇〇米ドル(約五万三〇〇〇円)/CO_2-tに到達、そこから二〇五〇年までは同水準に維持されます。税収は税収中立を維持するように低炭素投資、再生可能エネルギー固定価格買取制度、火力発電フェーズアウトにともなって発生する費用に充当すると想定しています。

脱炭素化の政策手段は、炭素税だけではありません。発電部門や交通部門で、現時点で想定しうる政策シナリオを組み込んでいます。発電部門では、原発に関して二つの政策シナリオを設定しました。第一は、「IEEJ OUTLOOK 2021」に沿って原発比率が二〇一八年の六・二%から二〇五〇年の一三%へと拡大するシナリオ(「原発あり」シナリオ)、第二は、二〇一八年以降原発の新規建設は行われず、二〇四〇年までに順次廃止されるシナリオ(「原発なし」シナリオ)です。

再エネについては、太陽光は固定価格買取制度を適用しませんが、風力とバイオマス発電については二〇三五年まで引き続き同制度の適用が行われるものと想定しています。交通部門では二〇三五年以降、ガソリン・ディーゼル車の販売が禁止される一方、電気自動車については二〇二五年まで車両購入補助金が維持されると想定しています。さらに産業部門では鉄鋼部門のみ、二〇五〇年までに高炉からの排出がゼロになると想定しました。

(2) 分析結果——炭素税による脱炭素化は成長を促進する

以上の設定の下、本研究ではケンブリッジ・エコノメトリクスのマクロ計量モデル(E3ME モデル)

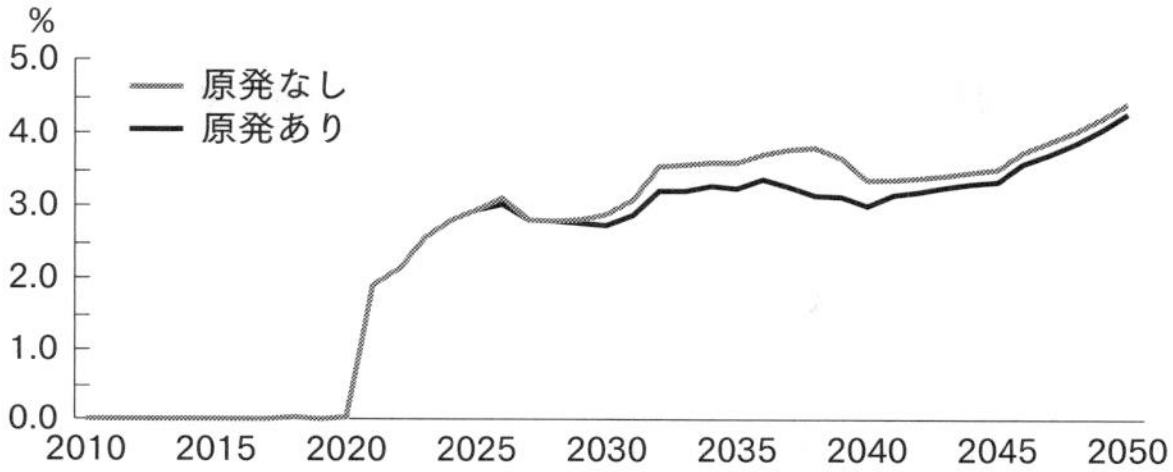

図 3-6　2050 年カーボンニュートラル達成における GDP の経路（ベースラインシナリオ対比）

出典：李他(2021)，21 頁，図 12.

を用いて、二〇五〇年カーボンニュートラルに向けた炭素税が日本経済に及ぼす影響を分析しました。その結果を示したのが、図３-６になります。

この図は、炭素税が導入される二〇二一年から二〇五〇年にかけて、日本のＧＤＰがレファレンスシナリオからどのように乖離するかで、政策の経済影響を示しています（乖離のない場合は〇・〇％）。ここから分かるように、炭素税の導入で脱炭素化することにより、ＧＤＰはそうでない場合よりも三・〇〜四・五％上昇します。これは、①炭素税が脱炭素化投資を誘発するほか、②雇用拡大による賃金上昇が消費を刺激し、その効果がエネルギーコスト上昇による消費抑制効果を上回る、さらに、③化石燃料の輸入が抑えられることで貿易収支が改善する、以上三つの要因によります。

しかも驚くべきことに、「原発なし」シナリオの方が、「原発あり」シナリオよりも高い成長率を達成すると予測されています。これは、原発の代替電源としての再エネによる発電コストが十分に下がるほか、原発フェーズアウトによる投資縮小効果を、再エネ拡大による投資拡大効果が上回るためです。

以上が、本研究による結果の主要ポイントです。二〇五〇年に脱炭素化するという高い目標を実現するため、炭素税率は高い水準に上昇せざるをえず、経済に悪影響を及ぼすと私たちは事前に予想していましたが、それに反してむしろ脱炭素化を実現する方が成長するとの結果がえられました。この結果は、各国で実現しているデカップリングが決して偶然の産物でないことを示すエビデンスとなりえます。

私たちはそろそろ、「カーボンプライシングの導入＝経済にマイナス」というこれまでのステレオタイプな物の見方から解放されるべきでしょう。「環境か経済か」の二項対立的な議論から脱却し、カーボンプライシングを巧く活用してCO_2を削減しつつも成長するような、新しい経済発展にどう導くべきか、建設的な議論を開始すべき時期に来ているのではないでしょうか。

5　環境政策と雇用

（1）ドイツ環境政策をめぐる論争

前節で示したように、脱炭素化はむしろ経済成長を促進します。これは、国際エネルギー機関（IEA）やOECD（経済協力開発機構）などが行っているシミュレーション結果ともほぼ整合します。これは、本章で議論してきた方向性に力を与える結果だといえるでしょう。

とはいえ、問題がないわけではありません。仮に脱炭素化によって経済が成長するとしても、そのもとで産業構造の転換は生じます。その過程で、炭素集約的な産業が打撃を受けることで、失業問題が発生しかねません。「環境政策と雇用」というテーマは、現代的な環境政策が形成された一九七〇年代以降、一貫して論争の的となってきました。産業界など環境政策の批判派は、環境政策は雇用を減らす、だから厳格な環境規制を導入すべきでない、と主張してきました。

これに対して環境政策擁護派は、厳格な環境規制はたしかに一時的に失業を増やすかもしれないが、別途、新たな環境産業が生まれて雇用を吸収するので、全体として失業は増えないどころか、むしろ雇用の増加が起きるはずだ、と主張しました。両者の主張のどちらが正しいのか、決着をつけるには実証研究により定量的な評価を行うほかなく、実際、ドイツの論争はそうした方向に進みました。本節ではしたがって、ドイツの論争をみることで、環境政策は雇用に対してどのような影響を及ぼしうるのかを検討することにしましょう。

「環境政策にはプラスの雇用効果がある」との主張に対しては、次のような批判が投げかけられました。つまり、環境政策が生み出す新たな雇用とは、汚染が起きてしまってから問題の解決に乗り出す「事後的政策」であり、問題を起こしてその解決策を飯の種にするマッチポンプにすぎないという批判です。採用されるべきは、問題を発生源で断つ「予防的政策」だという主張です。

マーティン・イェニケ(Martin Jänicke)を代表とする一群の研究者たちは、事後的環境政策から予防的環境政策へ、さらに産業構造の構造転換(「エコロジー的近代化」)へという議論を展開しました。彼らは、最終的にはデカップリングは可能であり、実際、一九七〇年代の先進各国の公害問題を対象とした実証研究の成果は、それが可能なことを示していると主張しました(Jänicke 1984, Jänicke 1986, Jänicke, Mönch und Binder 1993, Jänicke und Weidner eds. 1995)。

この議論と並行して、事後的政策によらず、「環境税制改革」による失業問題と環境問題の同時解決を提案するビンスヴァンガー(Hans C. Binswanger)らの「環境破壊なき雇用」の考え方も展開されました(Binswanger et al. 1988)。この議論は、直接規制を中心とする環境政策の批判を越えて、環境税の導入による産業構造転換を志向する議論を誘発しました。

以上の論争は、狭義の環境政策だけでなく、広く産業構造と環境政策の関係や、経済政策と環境政策の関係を問い直す視点をもっており、日本の環境政策論議にとっても大変示唆に富んでいます。こうした問題意識の下で、以下では、一九七〇年代から八〇年代にかけてドイツで展開された、環境政策と雇用をめぐる論争を概観することにしましょう。

(2) 環境政策が雇用に及ぼす効果の定量的評価

日本と同様にドイツでも、一九七〇年代は環境規制が強化され、その産業への影響が大いに論争の的となりました。最大の論点は、環境規制の強化が雇用を減らすかどうかでした。興味深いのは、ドイツではこの論争が不毛なイデオロギー論争に終始するのではなく、産業連関分析を用いて、環境政策が雇用に与えるインパクトを数量的に示して議論を展開する姿勢が貫かれた点です。

表３-１は、一九七〇年代を対象として行われた環境政策の雇用効果に関する三つの異なる研究結果を示しています。これらの研究結果はいずれも環境政策が雇用を増大させる効果(年間約一五~三七万人)を生み出すと結論づけています。

表３-２は、一九七五年にドイツで実際に環境保全によって直接的・間接的に生み出された雇用者数の推計を示しています。環境保全投資とは、民間産業の場合でいえば、脱硫装置などの汚染除去設

表 3-1　環境政策の雇用効果(人／年)

研究者名	ヘートル／マイスナー		ヘアヴィッヒ	シュプレンガー／リッチュカート	
研究対象期間	1970-74	1975-79	1975	1971-77	1978-80
雇用効果総計	218,270	366,280	152,300	215,000	250,000

出典：Wicke (1993), S. 477, Abb. 69.

表 3-2　1975 年のドイツにおける環境政策の雇用効果(人／年)

直接的・間接的雇用効果	127,200
民間産業による環境保全投資	42,000
公共部門による環境保全投資	64,200
民間産業による環境保全関連支出	17,000
公共部門による環境保全関連支出	4,000
環境保全の仕事に直接携わる雇用者数	75,100
民間産業	17,800
公共部門	37,300
計画，行政，執行部門	20,000
総計	202,300

出典：Wicke (1993), S. 440, Abb. 64.

備への投資や、環境負荷の少ない生産工程導入のための投資などが含まれます。公共部門の場合であれば、排水処理施設や廃棄物焼却施設への投資が含まれます。

以上の結果が示しているのは、環境と雇用は対立的な関係ではなく、むしろ補完的な関係(環境保全を進めれば、雇用もまた増大する関係)だということです。環境保全のための財・サービス需要が顕著に増大した結果、環境関連産業や市場が大きく成長し、それが新しいビジネス・チャンスと雇用を生み出したことを示しています。

他方、この試算結果に対しては、環境規制の強化はプラス面ばかりでないとの批判も行われました。汚染

表 3-3　環境政策がもたらす雇用創出の「純効果」

環境政策の雇用創出効果	環境政策の雇用阻害効果
150,000-400,000 人 ＊環境保全投資 ＊環境保全施設の運営費支出 ＊環境行政支出	50,000-70,000 人 ＊環境規制の強化による投資阻害効果 5,000 人 ＊生産拠点の海外移転による雇用喪失 2,000 人 ＊環境規制の強化による生産費上昇による企業倒産の影響

出典：Wicke (1993), S. 458, Abb. 70.

集約産業では、規制の導入によって競争力を低下させたり生産コストを上昇させたりといった負の影響が生じ、それによる雇用減少効果が考慮されねばならないというわけです。この批判を受けて、環境政策による雇用創出効果から雇用阻害効果を差し引いた「純効果」を推計しようという試みも行われました。その結果を示した**表3-3**によれば、環境政策の雇用阻害効果を考慮に入れたとしても、なおその雇用創出効果が阻害効果を大きく上回るという結果となっています。

以上の論争を通じて、環境政策の強化が雇用を削減するどころか、むしろ増加させうることが明確にされていきました。これは、環境と経済が対立的な関係ではなく、むしろ「好循環」ともいえる関係にあることを示しています。この知見は、ドイツの環境政策の前進にとって、大いなる援軍となりました。

(3) 再生可能エネルギーの雇用効果

ドイツにおける環境政策と雇用をめぐる論争は、再エネ促進政策にも引き継がれました。つまり、再エネ固定価格買取制度(FIT)を用いて再エネを増やす政策は、果たして雇用を増大させたのか、そ

表3-4　各研究成果による再エネの雇用効果の推計（単位：千人）

	1998	2002	2010	2020
(1)DIW	66.7	118.7		400
(2)BEI		60		−4
(3)IWH/IE		13.0	7.3	
(4)RWI/EWI/IE		32.6	−6.1	

出典：EW (2005), S. 19, Tafel 1.

れとも減らしたのかという論争です。

論争の口火を切ったのは、ドイツ連邦環境省でした。同省は「雇用促進メカニズムとしての環境保全」という表題の下に、表3-4の(1)ドイツ経済研究所(DIW)の研究結果に基づきつつ、次のように発表しました(Federal Ministry of the Environment, Nature Conservation and Nuclear Safety 2007)。

それによれば、一九九八年時点では約七万人、二〇〇二年時点では約一二万人だった再エネの雇用効果が、それ以降も年々増加し、FITによる促進効果もあって二〇二〇年には四〇万人にまで増加し、一大産業を形成すると発表、これが非常に活発な論争を引き起こしました。

もっとも、再エネ産業で生み出された雇用効果は、他の衰退産業から移ってきた労働者を雇用したケースもあるでしょうから、国全体としては、必ずしも雇用を純増させたことにはならないかもしれません。したがって、連邦環境省による「粗」雇用効果の推計手法に対しては、政策がもたらした追加的な雇用効果を取り出す形にはなっていない、との批判が行われました(Frondel et al. 2010)。

フロンデル(Manuel Frondel)らは、FITによる再エネ促進は既存の電力会社の雇用縮小をもたらしたため、前者の雇用増加効果を後者の雇用減少効果で相殺すれば、その純増効果は、上記推計と比べてはるかに小さいと主張しました。さらに、再エネ拡大にともなって買取費用(再エネ賦課金)が増加するため、それが電力料金の引き上げを通じて産業に負の影響を与え、雇用喪失をもたらすとも主張しました。

実際、フロンデルら批判者たちの主張を根拠づける研究結果が複数発表されています。それらは、表3-4の(2)ドイツ労働組合連合のハンス・ベックラー財団の委託によるブレーメン・エネルギー研究所(BEI)、(3)ハレ経済研究所(IWH)およびライプツィヒにあるエネルギー学研究所(IE)、そして、(4)ライン・ヴェストファーレン経済研究所(RWI)とケルン大学エネルギー経済研究所(EWI)、そしてエネルギー学研究所(IE)による三者連合による試算結果として示されています。

表3-4にまとめられているように、(1)のDIW推計に比べ、(2)~(4)の研究機関による推計結果は、雇用促進効果がずいぶんと小さく出ており、場合によってはマイナスの効果となっています。これはFITによる雇用効果が、それがもたらす負の影響と相殺され、純効果が小さく見積もられてしまうからです。

こうした批判に応える形で、ドイツ連邦環境省は再エネ政策の「純」雇用効果の推計を新たに行いました(Federal Ministry for the Environment, Nature Conservation and Nuclear Safety 2011)。それによれば、FITの「純」雇用効果でみても、二〇三〇年までに約八~一〇万人にも上る追加的な雇用増加が生まれることが明らかにされています。

6 「公正な移行(Just Transition)」へ向けて

（1）「公正な移行」とは何か

前節の議論から明らかなように、環境政策は一方的に雇用を減少させるわけではありません。たしかに汚染集約型の産業では雇用を減らしますが、他方で汚染を除去する技術・サービスを提供できる産業や非汚染集約型産業で雇用を増やします。雇用減と雇用増の効果を相殺したその「純」効果はプラスとなるか、仮にマイナスであったとしても非常に大きなマイナスとなることはない、というのがドイツにおける論争でえられた知見です。

だからといって、何の問題も生じないわけではありません。環境政策が雇用総数に大きな変化をもたらさないのは、汚染集約型産業における雇用減を、それ以外の成長産業が吸収するからです。つまり産業構造の転換が起き、労働者が汚染集約型産業から他の産業に移るのです。気候変動問題でいえば、炭素集約型産業から非炭素集約型産業への構造転換と、それにともなう雇用の移動が不可避となります。

これは、労働者個人にとっては大きな問題です。一時的ではあれ炭素集約型産業で雇用されていた労働者は失業し、所得を失います。次の職はすぐに見つからないかもしれません。仮に見つかったとしても、その労働者がもつスキルと雇用主が求めるスキルが合致しないかもしれません。労働者が直面するこうした困難を克服し、彼らを支援するための手立てが必要になります。

労働者だけでなく、一般市民も脱炭素化の過程で生活水準が悪化する可能性があります。具体的には、エネルギー価格の上昇です。石炭や天然ガスなどの化石燃料から再生可能エネルギーへのエネルギー転換は、一時的にエネルギーコストを上昇させる可能性があります。さらに、カーボンプライシングの導入もエネルギー価格の上昇を引き起こす可能性があります。

エネルギーはいわば生活に不可欠な「必需財」ですから、価格が上昇しても簡単に消費を減らすことができない財です。必需財の価格上昇は、所得に占める必需財への支出比率が高い低所得者層により大きな打撃を与えます。脱炭素化が不可避だとしても、低所得者がさらなる生活困難に陥ることは避けるべきでしょう。

二〇五〇年脱炭素化に向けて大きな産業構造転換が不可避だとすれば、それがもたらすはずのさまざまな困難を克服する手立ても必要との認識が世界で広がっていきました。つまり、脱炭素化に至るプロセスをより公正なものにし、人々の痛みを和らげるために支援のあり方はいかにあるべきか、が問題となったのです。この問題はいまでは、「公正な移行(Just Transition)」の名の下で論じられるようになっています。

(2) 具体的事例としての米国排出量取引制度法案

では、「公正な移行」のために、具体的にどのような手立てが必要になるのでしょうか。この点を考えるには、政策手段の導入に即して具体的に考えられたプログラムを取り上げるのが効果的です。ここではその当時、もっとも包括的な「公正な移行」プログラムを含む排出量取引制度法案としてオバマ政権下の二〇〇九年に米国下院で可決された「ワクスマン＝マーキー法案(Waxman-Markey Bill)」を取り上げることにしましょう。

この法案の正式名称は、「米国クリーンエネルギー・安全保障法(H. R. 2454 the American Clean Energy and Security Act of 2009: ACES)」です。しかし、その主唱者である下院エネルギー・商業委員会委員長(当時)のワクスマン議員(民主党)と、その下に設けられた下院エネルギー・電力小委員会委員長(当時)のマーキー議員(民主党)の名を冠して、通称で「ワクスマン＝マーキー法案」と呼ばれます。

この法案は、米国議会の下院で二〇〇九年六月二六日に二一九票対二一二票の多数で可決されたものの、上院では上程すらされず、成案となりませんでした。共和党が議事妨害(フィリバスター)で可決を阻止する構えを見せるなか、それを阻止するための六〇票を民主党が確保する見通しが立たなかったためです(当時の上院勢力分布は民主党五七議席、共和党四一議席)。しかし本法案は、排出量取引制度の導入法案として米国の上・下院いずれかで初めて可決された法案だという点で画期的です。以下では、その中身を具体的にみていきましょう(本法案の排出量取引制度としての評価は、諸富・山岸(二〇一〇)の第六章を参照)。

本法案は、米国経済の全部門を対象としてCO_2をはじめとする温室効果ガスを削減することを目的としています。削減目標は二〇〇五年を基準年として二〇一二年に三%、二〇二〇年に二〇%、二〇三〇年に四二%、二〇五〇年に八三%の削減とされていました(二〇二一年四月、バイデン現政権は米国の温室効果ガス排出削減目標を二〇〇五年比で二〇三〇年に五〇〜五二%減、二〇五〇年にカーボンニュートラル実現に引き上げることを発表しました)。

この目標を実現するための中核的な手段が、排出量取引制度の導入です。これにより温室効果ガスの排出量上限が設けられますが、それが守れない場合は、排出枠を売却する他の排出者から排出枠を購入し、目標遵守に充てなければなりません。これが「排出量取引」であり、取引市場で行われる排出枠の売買を通じて、炭素価格の形成が行われます。

(3)「公正な移行」プログラムの中身――労働者と低所得者層への支援

では、ワクスマン＝マーキー法案に含まれる「公正な移行」プログラムの中身は、どうなっているのでしょうか。これは、(1)労働者支援と、(2)低所得者支援からなります(Green Jobs, Education, and Workforce Training in S. 1733 and H. R. 2454, *Congressional Research Report*, December 8, 2009)。前者(1)はさらに、①職業教育訓練プログラムと、②失業者への所得支援から構成されています。その財源は、このプログラムに割り当てられた排出枠を市場で売却してえられる収入となります。

さて、(1)労働者支援のうち、①の職業教育訓練プログラムは次の三点からなります。

a)クリーンエネルギー職業教育訓練カリキュラム開発補助金

民間団体に再エネ、省エネ、温室効果ガス排出抑制などの分野における職業教育訓練のためのカリキュラムを開発することを促し、そのための支援を行います。

b)再エネ部門における職業教育訓練のための情報・資源センターの創設

再エネ部門における職業教育訓練とキャリア形成を支援するため、再エネ産業における人材ニーズと職業教育訓練の内容が合致するよう技術変化の最新動向や職業教育訓練のベストプラクティスに関する情報を収集・提供することを目的とします。

c)グリーン建設業キャリア・デモンストレーション・プロジェクト

再エネ、省エネ、温室効果ガス排出抑制などの分野にかかわる建設業において、求職者が実践経験を積むことで次のキャリアにつなげることを目的とします。

これらに対して、(1)労働者支援の②、失業者への所得支援では、当該労働者の週給平均の七〇%が支給され、最大で一五六週間まで受給可能です。

他方、(2)低所得者支援はどのような内容なのでしょうか。ワクスマン＝マーキー法案は、規制強化がもたらすエネルギー価格の上昇が、家庭部門の購買力を実質的に切り下げることになるため、それを相殺するべく、以下二種類の支援を盛り込みました(Stone, Rosenbaum and Parrott 2009)。

① すべての消費者に対する支援

排出枠の一・八八%(ただし、二〇一二年。以降、割当量は減少し、二〇二九年には〇・三%、二〇三〇年以降はゼロ)を売却した財源で、州政府がすべての消費者を対象とする支援を行います。具体的には電力・ガスなどのエネルギー企業を支援して、電力・ガス料金が規制強化によって上昇しないようにします。

② 低所得者層に対する支援

低所得者層の支援には、全体の一五%に相当する排出枠を売却してえられた財源が用いられます。

連邦環境保護庁は、規制強化によって下位二〇%の所得階層の購買力がどれだけ失われたかを評

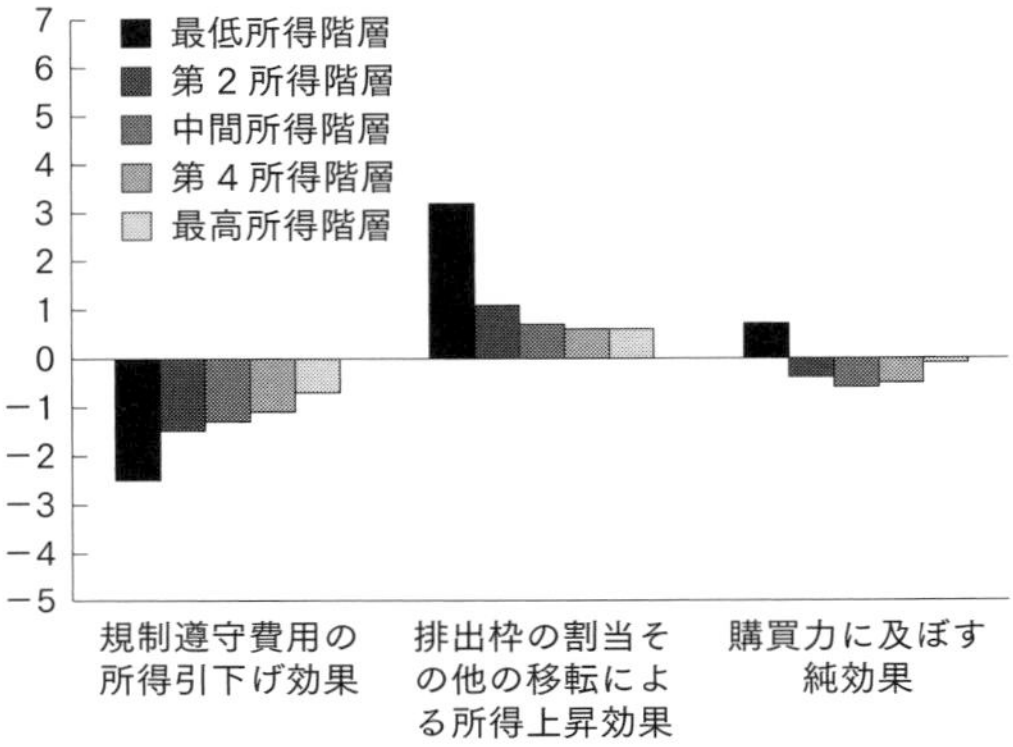

図 3-7　所得階層ごとにみたワクスマン＝マーキー法案の家計購買力への影響（税引後所得の変化率（%）で評価）

出典：CBO（2009), p. 25, Figure 1.

価します。支援は、平均的な購買力の減少分を相殺するように設計されます。その第一の方法は、所得税における税額控除です。これは、米国ですでに実施されている勤労税額控除(Earned Income Tax Credit: EITC)の仕組みを使います。これを用いれば、所得が少なくなるほど手厚い支援を施すことが可能になります。逆に、所得水準が年収四万～四万五〇〇〇ドル(年収約五三〇～六五〇万円)に達すれば、支援は受けられなくなります。第二の方法は、所得税の仕組みから外れている最貧困層が対象となります。所得税における税額控除の仕組みが使えないので、対象者の銀行口座にプッシュ型で直接、還付金を振り込む形で実施されます。

議会予算局(Congressional Budget Office: CBO)は、ワクスマン＝マーキー法案の経済効果を試算する報告書を公表しています。その一環として、この法案が家計に対して所得分配上、どのような影響をもたらすのかについても所得階層ごとに試算しています(CBO 2009)。その結果を示したのが、図3-7です。

図の左側が示すように、排出量取引制度の規制遵守コストがエネルギー価格の上昇を招くため、どの所得階層も〇・七〜二・五%だけ所得減少の影響を受けることが分かります。予想されたように、所得が低くなるほどその影響も大きくなることがみてとれます。

これに対して図の真ん中には、法案が予定している消費者/低所得者支援を実行することで、どの所得階層も〇・六〜三・二%だけ所得が上昇することが示されています。この政策により最大の恩恵を受けるのが、もっとも低所得の階層であることも分かります。

以上の効果を相殺し、純効果を取り出したのが図3-7の右側に示されています。それによれば、もっとも低所得の階層は所得の〇・七%増加、それ以外は〇・一〜〇・六%の所得減となることが示されています。

この結果からワクスマン=マーキー法案は、「公正な移行」プログラムにより何とかエネルギー価格上昇の悪影響を最小限に抑え、もっとも低い所得階層をとくに手厚く保護する政策効果をもっていることが分かります。

7　日本の脱炭素化と公正な移行に向けて

ワクスマン=マーキー法案は上院で可決できず、結局、成案となることはありませんでした。それでも、成案にもっとも近づいた排出量取引制度導入法案として、いまなお重要な意義をもちます。とくに、そこに盛り込まれた「公正な移行」プログラムは一〇年以上前に構想された内容ですが、多くの人々の知恵の結晶として、いまも学ぶべき多くの要素を含んでいます。

この法案に含まれていない重要な要素をあえて付け加えるならば、地域対策です。産業構造の転換は、産業立地のあり方に影響を与え、それらが立地する地域の所得や雇用に多大な影響を与えるからです。かつて、日本のエネルギーが石炭から石油に転換したとき、日本の産炭地は所得と雇用喪失という甚大な影響を受けました。

今後、脱炭素化が本格的に進めば、エネルギー集約型産業の拠点再編は不可避となります。全国のコンビナートなどに立地する産業拠点は別の用途に転換するか、さもなくば閉鎖・縮小を余儀なくされる可能性があります。脱炭素化対応が理由ではありませんが、二〇二三年九月末に閉鎖することが決まった日本製鉄の広島県呉市の拠点では、約三〇〇〇人が働いていたところ、高炉の止まった二〇二二年時点でそれが半減し、跡地利用もまだ決まっていないとのことです(『中国新聞』二〇二二年九月二九日電子版「しぼむ活気、跡地活用の動き乏しく【日鉄呉閉鎖まで一年】上」)。

同様のことは、脱炭素化が本格化するにつれて、全国各地の生産拠点で生じる可能性があります。こうした地域で産業構造をどう転換し、新規事業を立ち上げ、雇用を増やすかは大きな課題です。ワクスマン=マーキー法案は個人への支援が中心ですが、これとは別に、脱炭素経済の時代に適合的な地域経済への転換支援が必要です。実際ドイツは、「脱石炭」の決定と同時に、産炭地域の再生計画を練り上げました。

それでは日本は現在、ワクスマン＝マーキー法案に相当する「公正な移行」プログラムをもっているのでしょうか。答えは「否」になります。現在、日本政府にこうした問題意識はきわめて希薄だといわざるをえません。

二〇二二年一二月二二日に首相官邸で開催された第五回「GX（グリーントランスフォーメーション）実行会議」では、カーボンプライシング導入の方針が正式に決定されました。「炭素賦課金」という名のカーボンプライシングが実際に導入されるのは二〇二八年ですが、それに先立って「GX経済移行債」を政府が発行して資金を調達します。総額約一五〇兆円と試算される脱炭素化へ向けた官民投資のうち約二〇兆円分を、政府が投資支援するための原資にする方針が打ち出されました。

しかし、そこで提出された当日の政府資料（資料2「GX実現に向けた基本方針（案）参考資料─西村GX実行推進担当大臣兼経済産業大臣提出資料」）に記載された支援対象は、産業ばかりです。そこに「公正な移行」の考え方は、まったく盛り込まれていません。これは、脱炭素化による構造転換が引き起こす社会問題に日本政府がまったく無自覚か、あるいは実のところ、そこまでの構造転換をやり切るつもりがないか、そのどちらかを意味しています。

こうした現状は、労働組合の役割の重要性を改めて浮かび上がらせます。政府が進めるGXは間違いなく産業の形を変え、労働組合の構成員である全国の労働者の運命に大きな影響を与えます。労働組合は、この問題の当事者なのです。政府が「公正な移行」を取り上げないのであれば、組合が取り上げずして誰が取り上げるのでしょうか。

GXの推進主体は、経済産業省です。経産省は、日本の産業をどう発展させるかという視点からG

Xを捉えています。そのための技術開発支援、産業・エネルギー構造転換をどう円滑に進めるか、ここに経産省の問題関心は集中しています。それによって労働者、消費者、地域にどのような影響が及ぶのかは視野の外とはいわないまでも、主要関心事ではありません。これは、労働組合が取り組まねばならない課題なのです。

日本の脱炭素化を正面から受け止め、GXを不可避と考えるなら、それをより公正なものにするにはどうすればよいか、そのための手立てはいかにあるべきかといった論点について、労働者の視点から問題提起を行い、具体的な提案を行うのが労働組合の役割です。GXは労働組合が参加することで初めて、より広範な社会合意の基盤をもつことになります。それは、もっぱら経産省によってトップダウン的に進められるはずだったものを引き戻し、労働組合が積極的に参加することで「GXの民主化」に道を開くことになるでしょう。

参考文献

斎藤幸平 二〇二〇、『人新世の「資本論」』集英社新書。
浜本光紹 一九九七、「ポーター仮説をめぐる論争に関する考察と実証分析」『経済論叢』第一六〇巻第五・六号、五〇六—五二四頁。
宮本憲一 二〇〇七、『環境経済学(新版)』岩波書店。
諸富徹・浅岡美恵 二〇一〇、『低炭素経済への道』岩波新書。
諸富徹・山岸尚之編 二〇一〇、『脱炭素社会とポリシーミックス——排出量取引制度とそれを補完する政策手段の提案』日本評論社。
Binswanger, H. C., et al. 1988, *Arbeit ohne Umweltzerstörung*, Fischer Taschen-buch Verlag.

Congressional Budget Office 2009, *The Economic Effects of Legislation to Reduce Greenhouse-Gas Emissions.*

Georgescu-Roegen, N. 1971, *The Entropy Law and the Economic Process,* Harvard University Press.（ニコラス・ジョージェスク＝レーゲン，高橋正立・神里公他訳『エントロピー法則と経済過程』みすず書房，一九九三年）

Federal Ministry of the Environment, Nature Conservation and Nuclear Safety 2007, *EEG – The Future Renewable Energy Sources Act: The Success Story of Sustainable Policies for Germany.*

Federal Ministry for the Environment, Nature Conservation and Nuclear Safety 2011, *Renewably Employed: Short and Long-term Impacts of the Expansion of Renewable Energy on the German Labour Market.*

Frondel, M. et al. 2010, "Economic Impacts from the Promotion of Renewable Energy Technologies: The German Experience", *Energy Policy,* 38, pp. 4048–4056.

Häder, M. 2005, "EEG – Jobmotor oder Jobkiller?", *EW,* 104(26), S. 18–22.

Jänicke, M. 1984, "Umweltpolitische Prävention als ökologische Modernisierung und Strukturpolitik", *Diskussionspapier vom Internationalen Institut für Umwelt und Gesellschaft,* Wissenschaftszentrum Berlin.

Jänicke, M. 1986, *Staatsversagen,* R. Piper GmbH & Co. KG.（M・イェニケ，丸山正次訳『国家の失敗――産業社会における政治の無能性』三嶺書房，一九九二年）

Jänicke, M., Mönch, H. und M. Binder 1993, *Umweltentlastung durch industriellen Strukturwandel?: Eine explorative Studie über 32 Industrieländer (1970 bis 1990),* edition sigma.

Jänicke, M. und H. Weidner eds. 1995, *Successful Environmental Policy,* edition sigma.

Lee, S., He, Y., Suk, S., Morotomi, T. and U. Chewpreecha 2022, "Impact on the Power Mix and Economy of Japan under a 2050 Carbon-neutral Scenario: Analysis Using the E3ME Macro-econometric Model", *Climate Policy,* 22(7), pp. 823–833.（李秀澈他 二〇二二，「日本の二〇五〇年カーボンニュートラルの実現がエネルギー構成及びマクロ経済へ与える影響分析――E3ME マクロ計量経済モデルを用いた分析」京都大学大学院経済学研究科再生可能エネルギー経済学講座ディスカッションペーパー No. 32）

Mill, J. S. 1948, *Principles of Political Economy: with Some of Their Applications to Social Philosophy,* John W. Parker.（J・S・ミル，末永茂喜訳『経済学原理』第一―五巻，岩波書店，一九五九―一九六三年）

Porter, M. E. and C. van der Linde 1995, "Toward a New Concep of the Environment: Competitiveness Relationship",

Journal of Economic Perspectives, 9(4), pp. 97–118.
Stone, C., Rosenbaum, D. and S. Parrott 2009, "Waxman-Markey Climate Change Bill Fully Offsets Average Purchasing Power Loss for Low-Income Consumers", Center on Budget and Policy Priorities.
Wicke, L. 1993, *Umweltökonomie: eine Praxisorientierte Einführung*, 4. Aufl., Verlag Vahlen.

4 温暖化の緩和・適応と貧困・格差問題

駒村康平

はじめに

(1) 地球温暖化・気候変動への緩和と適応

温暖化・気候変動を回避するためには、「緩和」、「適応」という二つの取り組みが重要になります。「緩和」とは、積極的にこれ以上の地球温暖化・気候変動を食い止めるために、温暖化の原因物質である温室効果ガス排出量を「削減」する取り組みです。脱炭素のための政策、再生可能エネルギー活用、節電・省エネ、森林資源を増やすことなどが該当します。ただし、緩和を行っても、過去に排出されたCO_2ガスがあるため、ある程度の気候変動は避けられません。他方、「適応」とは、「緩和」をしても避けられない気候変動に対応するために自然生態系や社会経済システムを「調整」し、気候変動の被害を軽減することや、悪影響を最小限に抑える取り組みです。例えば、災害への備え、感染症予防、気温が変化しても育つような農作物の品種改良を行うことなどを指します。

より大きな視点で捉えれば、「緩和」や「適応」とは、温暖化・気候変動に対して、私たちがどのように対応するのか、従来の行動、習慣、考え方、道徳心を「持続可能なライフスタイル」に変えること、そして社会経済システムを変更することを意味します。しかし、「緩和」も「適応」も経済的・非経済的に、そして直接的・間接的なコストを必要とします。このコストを担う能力は、国の経済発展の状況や所得階層によっても異なります。生活の不安定性、格差、貧困によって「緩和」や「適応」のコストを負担できない状態は「脆弱」とされます[1]。

(2) 温暖化によって拡大した格差

ディフェンボーとバークは、温暖化が世界の経済格差を拡大したことを確認しています(Diffenbaugh N. S. & Burke M. 2019)。この研究によると、気温と経済成長の間には、逆U字のような関係にあり、温暖化によって寒い国では成長が加速し、暖かい国では成長が鈍化する傾向があるとしています。そのうえで、数十年の温暖化により、温暖な気候に立地する途上国の経済成長は鈍化し、緯度の高い冷涼な地域に位置する国々で経済成長は加速したとしています。

温暖化が緯度の低い暖かい途上国に不利な影響を与えるメカニズムは、①経済力が低いため、気候変動への対応が不十分なこと、②温暖化そのものが健康に悪影響を与え、生産性を下げていること、などがあげられます。もし温暖化が進まなかったら、これらの国はより豊かになっていたとしています。

ノルウェーなどの寒い国では、温暖化によって国の平均気温が最適温度に近づき、累積的な経済的利益がもたらされましたが、インドなどの温暖な国では、温暖化によって国の平均気温は最適値からさらに遠ざかり、累積的な損失が発生しました。この結果、一九六一年から二〇一〇年の間に、温暖化がなかった場合と比較して、世界上位一〇%と下位一〇%の間の所得格差は、二五%以上に拡大したとされます。

(3) 温暖化の責任

ここでは、先進国そして先進国内でも高所得者層が温暖化問題にどのような責任があるのかを見てみましょう。World Inequality Lab の World Inequality Report 2022 が所得階層別の排出ガスの状況を報告しています。(2)

図4-1aと図4-1bは、世界の各地域における所得階層別の下位層五〇%、中間層四〇%、上位層一〇%の一人あたりCO_2ガスの排出量です。すべての地域で、所得階層によるCO_2排出量に、大きな格差を確認できます。例えば東アジアでは、下位層の五〇%は年間平均約三トンを排出し、中間層四〇%が約八トン、上位層一〇%が約四〇トンを排出しています。これに対して、北米は下位層五〇%が一〇トン未満、中間層の四〇%が約二二トン、上位層一〇%は七三トンを排出しています。同じ先進国内で比較しても、北米の下位五〇%と欧州の中間層が同程度の排出量になっています。

では、高所得者層はCO_2ガス排出量を抑制しているのでしょうか。図4-2は、この排出量の変化をみたものです。横軸は、最小排出者から最大排出者までをランク別に並べたものであり、縦軸は、一人あたりのCO_2排出量の伸び率です。一九九〇年以降、下位層五〇%の増加率より上位層一%の排出ガスの増加率の方がかなり高いことがわかります。この図は第2章で紹介した世界の所得階層別の所得

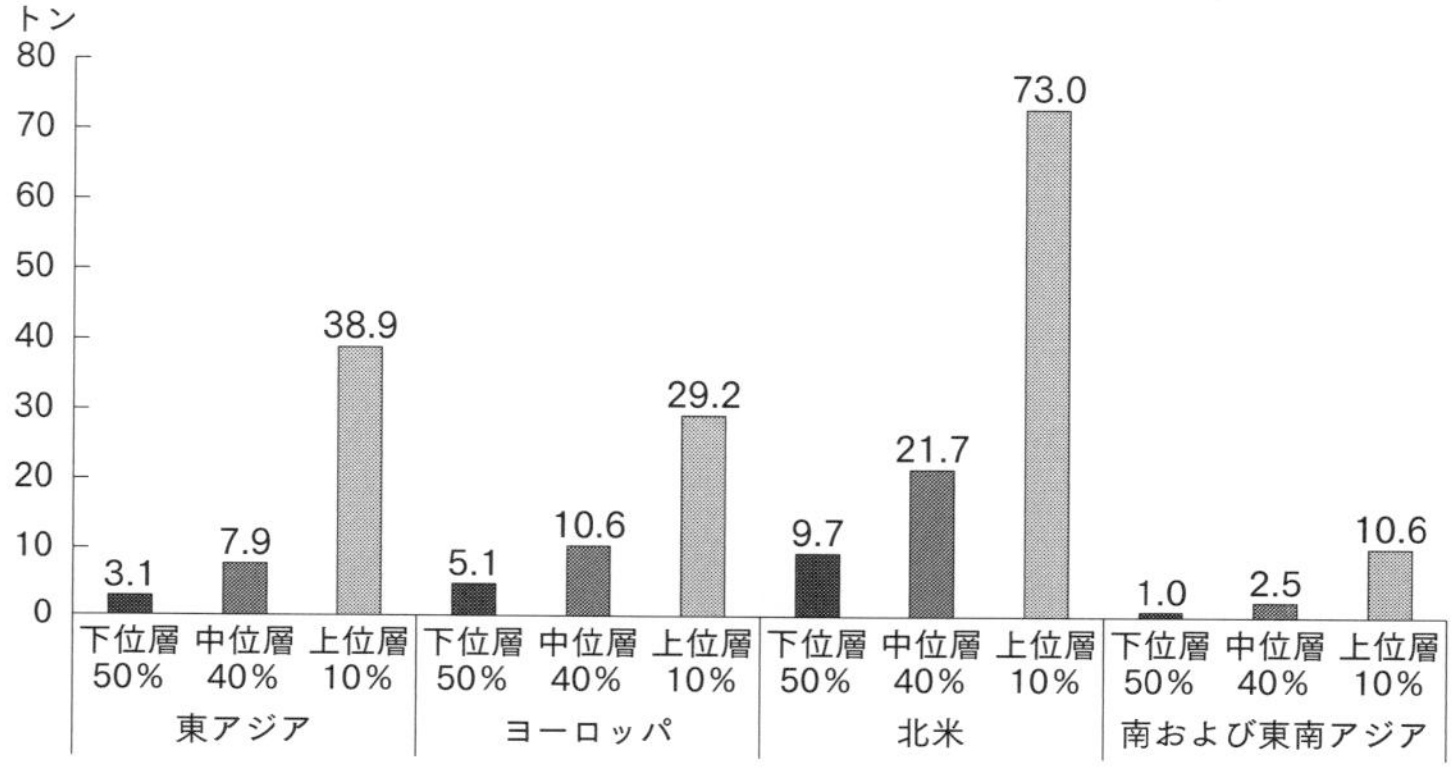

図 4-1a　地域別・所得階層別・CO_2 ガス排出量(東アジア，ヨーロッパ，北米，南・東南アジア)(1 人あたり/2019 年)

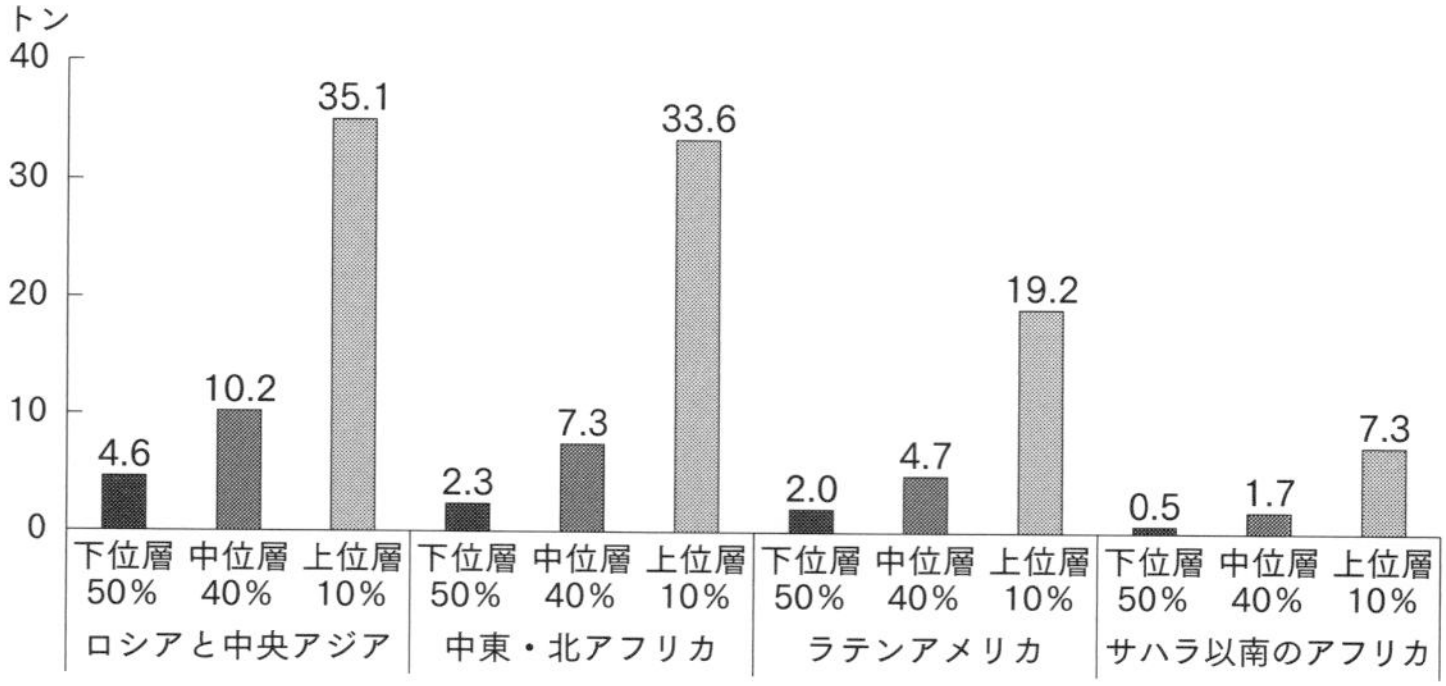

図 4-1b　地域別・所得階層別・CO_2 ガス排出量(ロシア・中央アジア，ラテンアメリカ，中東・北アフリカ，サハラ以南のアフリカ)(1 人あたり/2019 年)

ともに出典：https://wir2022.wid.world/www-site/uploads/2021/12/wir2022-full-report-english.pdf

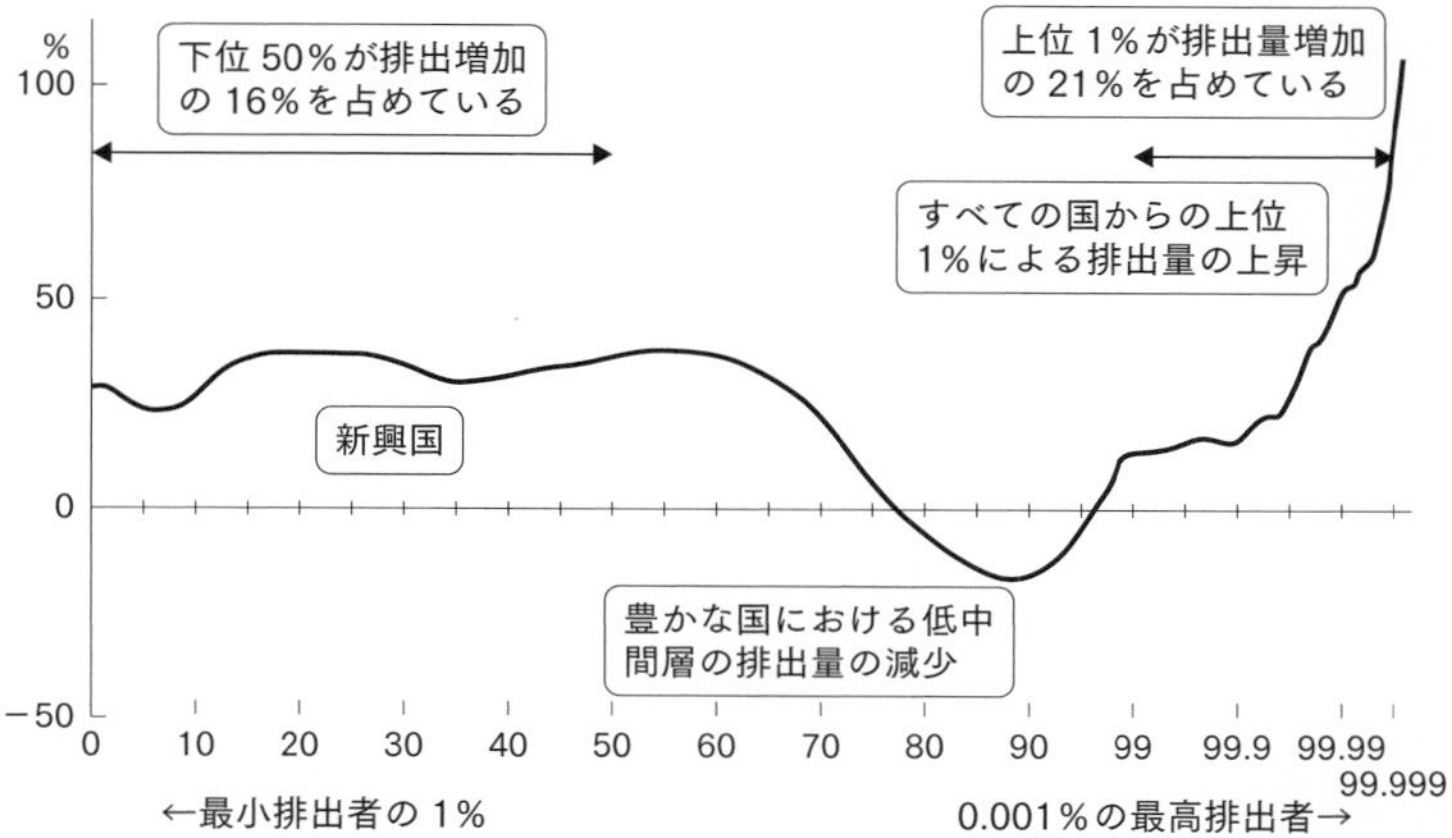

図 4-2　世界の炭素排出量の変化（「炭素曲線」，1990〜2019 年）

出典：https://wir2022.wid.world/www-site/uploads/2021/12/wir2022-full-report-english.pdf

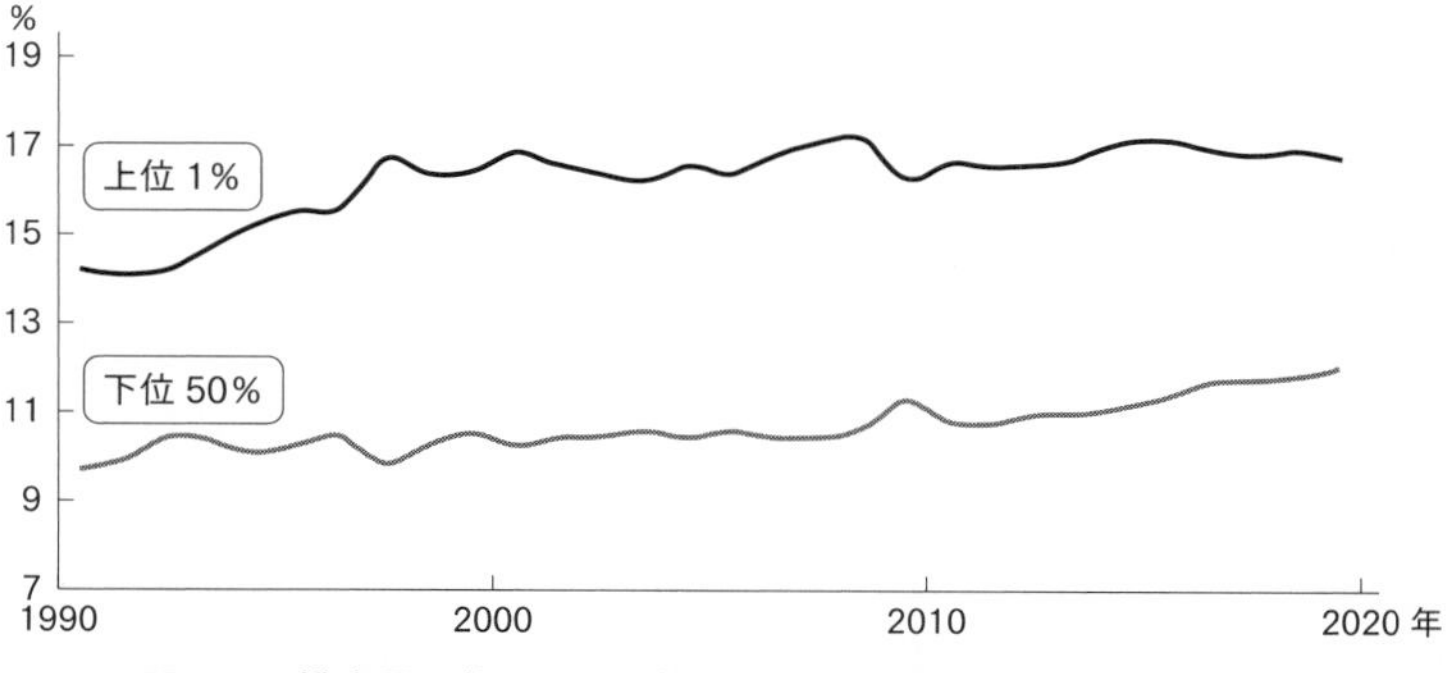

図 4-3　排出量上位 1% と下位 50% の排出量に占める割合の変化（1990〜2019 年）

出典：https://wir2022.wid.world/www-site/uploads/2021/12/wir2022-full-report-english.pdf

上昇率をみた「象の鼻」とよく似ています。

図4-3は、一九九〇年から二〇一九年までの総排出量における上位層一％と下位層五〇％のシェアの変化を示しています。この間、上位層一％のシェアは一四％から一七％に上昇しました。

ケンブリッジ・サステナビリティ・コミッション（CSC）による“Changing our ways? Behavior change and the climate crisis”は、温暖化における先進国内の富裕層の責任を指摘しています[(3)]。一九九〇年から二〇一五年の間に、EUのなかで最も貧しい国では、下位層五〇％の排出量が二四％減少し、四〇％の中間層の排出量も一三％減少しました。しかし上位層一〇％の排出量は三％増加し、上位層一％に至っては、排出量は五％増加しました。

なぜそうなるのかは、所得階層別の消費行動を見ればわかります。例えば、英国、スウェーデン、フランス、ドイツなどでは、CO_2ガスの排出量が多い飛行機の搭乗回数を見ると、所得階層が高い人ほど飛行機に乗っていることが確認されています。

このように先進国、そして高所得者の担う責任は極めて大きいのです。持続可能なライフスタイルへの変更が求められます。

二〇三〇年までに気温上昇を一・五度に抑える目標（IPCC）への道筋をつけるためには、EU域の上位層一％の排出量を現在の三〇分の一に削減し、下位層五〇％も排出量を半分にする必要があるとされています。

1　「気候正義」と「公正な移行」

（1）「公正な移行」を求めて

温暖化の責任は、国際的には先進国に、国内的には富裕層にあります。世界的には富裕層が気候変動の原因を作り、低所得層・貧困層が気候変動の被害を受けているという不公平な構造になっています。この不公平さを解消していこうという考えを、「気候正義(Climate Justice)」と呼びます(図4-4)。

SDGsが掲げる「誰一人取り残さない」という考え方には、すでに存在する貧困・格差問題の解消がありますが、それだけではありません。温暖化の緩和・適応に伴う脆弱性を抱える貧困層を包括的に救済し、格差を解消するという視点が重要です。

SDGsの達成は、経済、環境、社会の各要素の間で適切なバランスを取ることで可能となります。温暖化の緩和、脱炭素化は、とくに最も脆弱な人々に配慮する「気候正義」の考えに従い、労働者とコミュニティのための解決策を含む場合にのみ成功するとされています。このことは、二〇一五年のパリ協定[4]で、「労働力の公正な移行(Just Transition)とディーセントワーク(Decent Work)および質の高い雇用の創出という要請」が配慮事項とされていることからもわかります[5]。

日本でも、温暖化対策の動きは進みつつありますが、そのなかで、温暖化対策で発生するさまざまなコストが、低所得者層に深刻な打撃を与える可能性があること、そして、それに対する対応措置が十分に議論されているわけではありません。「労働力の公正な移行とディーセントワークおよび質の

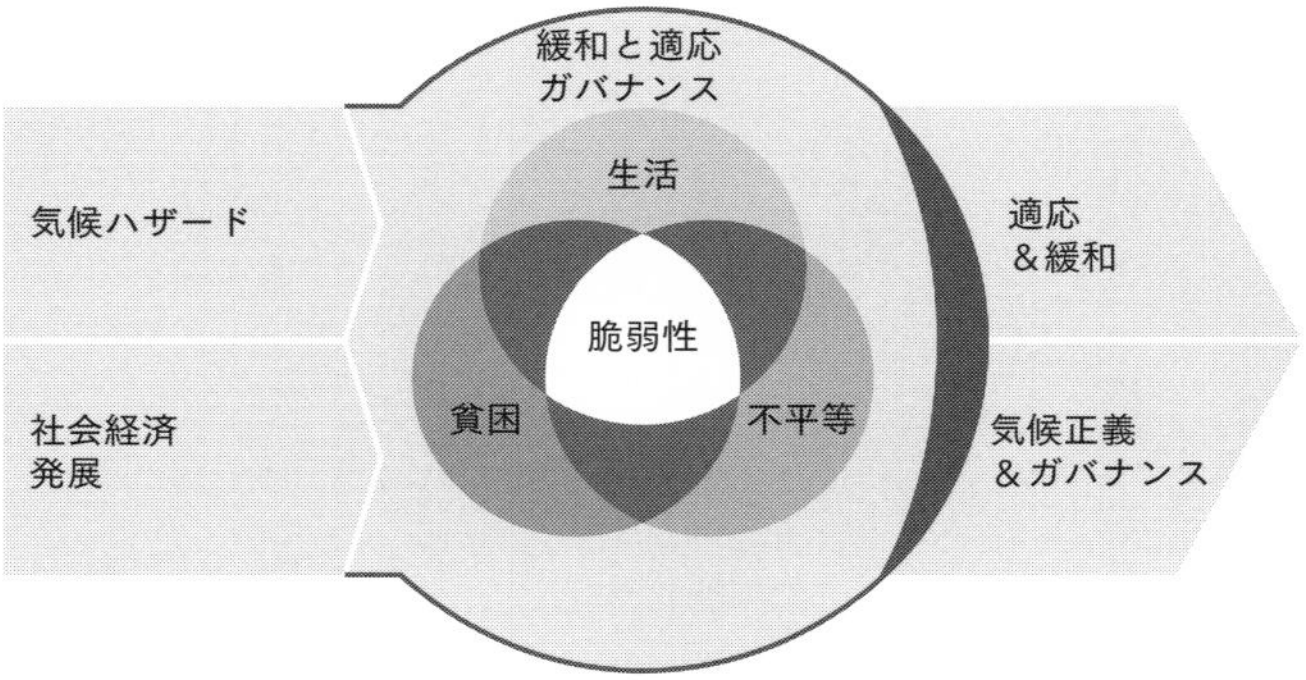

図 4-4　気候ハザードの緩和と適応，そして気候正義

出典：IPCC(2022)

高い雇用の創出という要請」に応え、そして「誰一人取り残さない」というグリーン経済を確立するために、地域社会、企業、労働者・労働組合、政策担当者が情報共有し、連携していく必要があります。

この具体的な仕組みとして、ＩＬＯは環境と経済の両立をめざすグリーン経済におけるディーセントな職場、雇用づくりを地域社会、労使、政策担当者と協議する場として、国家社会対話機関(National Social Dialogue Institutions：NSDIs)の設置を求めています。しかし、日本の温暖化対策にはこうした視点はなく、あくまでも産業政策としての「上から目線の温暖化対策」の発想しかないように見えます。

（２）社会経済システムを崩壊させる巨大災害リスクとしての温暖化

二〇二一年のＣＯＰ26の「一・五度の合意」は、産業革命時に比較して気温上昇を「一・五度以内に抑えるよう努力する」とされました[6]。では、現実はどうなっているのでしょうか。

世界気象機関(WMO)および国連環境計画(UNEP)により一九八八年に設立された政府間組織である「気候変動に関する政府間パネル(Intergovernmental Panel on Climate Change)」(以下、IPCC)の報告が、重要な情報を提供してくれます。IPCCの目的は、各国政府の気候変動に関する政策に科学的な基礎を与えることで、二〇二二年までに六次の報告書を公表しています。現在、IPCCには、ワーキンググループ1(WG1)、同2(WG2)、同3(WG3)の三つの作業部会と一つのタスクフォースが設置されています。(7)

IPCCが二〇二一年八月に発行した第一作業部会第六次評価報告書(以下、WG1AR6)によると、一八五〇〜一九〇〇年から二〇一〇〜二〇一九年までの人為的な世界平均気温上昇は一・〇七度(〇・八〜一・三度)とされています。(8)

WG1AR6によると、世界平均気温は、少なくとも今世紀半ばまでは上昇を続け、向こう数十年の間にCO_2およびその他の温室効果ガスの排出が大幅に減少しない限り、二一世紀中に、産業革命以前と比べ地球の気温は一・五度から二度を超えると報告されています。

すでに一・一度上がっているので、一・五度までは残りは〇・四度程度しかありません。体感的にはわずか〇・四度程度の上昇などには気が付かないようにも思えますので、何が問題なのかと思うかもしれませんが、もし何もしないとどうなるでしょうか。気候変動は平均気温の変化、気温の上昇だけでなく、熱波や大雨などの超極端現象の増加や台風の強度にも影響すると考えられています。

IPCC特別レポート「IPCC―5℃」ではさまざまな分析が行われ、一・五度の温暖化でも、人々の生活に深刻なダメージを与え、幸福度を下げることを明らかにしています。

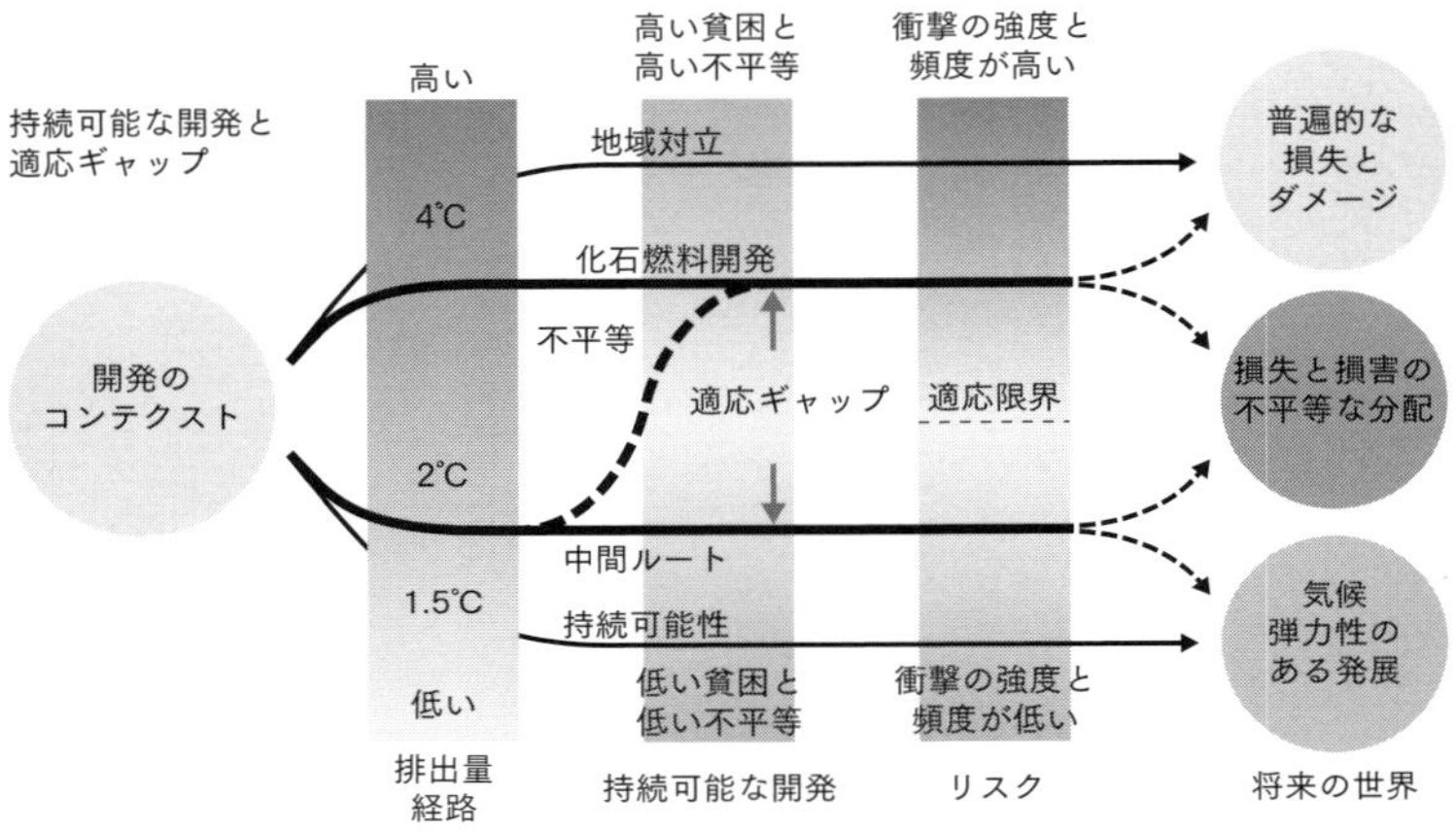

図 4-5　気温上昇と社会経済への影響

出典：IPCC(2022)

ＩＰＣＣは、気温が一・五度、二度、三度、四度上昇した場合の影響を推測しています。例えば、一・五度でも西アフリカでは、トウモロコシの生産に適した農地が四〇％減少すると予想されており、三度上昇の場合は、大規模の食糧と栄養不足が発生し、これまで取り組まれてきた貧困削減効果はまったく打ち消されてしまい、二・五億から九・五億人が貧困にさらされ、二〇五〇年にはその人数は一九・二億人に達すると推計されています。[9] このように、わずかな気温上昇でも地球の生態系には取り返しのつかない影響を与え、人類に破滅的な影響をもたらすのです（図４－５参照）。

すでにＩＰＣＣの第五次報告書では「気候変動は、二一〇〇年までに発展途上国と先進国で新たな貧困層を生み出し、持続可能な発展を困難にする」と報告されています。

今日、気候変動に脆弱な国に住んでいる人口は約三六億人と推計されています。[10] 温暖化・気候変動は、生態系の悪化だけではなく、格差・貧困の問題と結びつくことで、社会経済システムを壊すのです。

温暖化の影響は不平等にあらわれ、貧困層をさらに貧困にします。そして温暖化対策のコストも貧困層にとってはより大きいのです。温暖化と格差・貧困が重なることで、社会不安が増大します。食糧不足などが発生すると、政府のガバナンスに問題のある途上国では、膨大な難民、移民が発生し、食糧・資源の奪い合いにより国家、社会秩序が崩壊し、紛争が多発します。当然、先進国もその影響を受けます。例えば、国際的な食糧不足の発生や途上国からの膨大な難民、移民の受け入れ問題などに直面するでしょう。加えて、温暖化・気候変動とその緩和・適応コストをめぐり政治の不安定化が進み、ポピュリズムがこの傾向に拍車をかけるでしょう。先進国は、経済力があるために、温暖化への緩和や温暖化がもたらすハザードには対応可能と思われるかもしれませんが、そのコストへの耐久力が所得階層によって異なるため、政治的対立が先鋭化します。

温暖化・気候変動が貧困・格差を拡大し、社会の不満は上昇し、ストレッサーは累積し、社会経済システムを揺るがすことになります。政府の統治能力の低下や国際紛争を増大させ、世界経済システムはレジリエンスを失い、世界全体をゆるがすような、巨大災害リスクを引き起こし、地球規模で社会秩序を破壊する危険性もあります。

新型コロナも、無秩序な開発による人獣接触、温暖化や生物多様性の喪失がもたらしたものです。このまま温暖化と貧困の悪循環を解消しなければ、近い将来、将来世代は絶対的貧困が蔓延する状態になるでしょう。

2　温暖化・気候変動と貧困

（1）労働力の公正な移行とディーセントワーク

従来、貧困の撲滅には、経済成長が有効であると考えられてきました。しかし、経済成長によって、途上国の貧困問題や格差が解消されるという従来のトリクルダウン型の経済成長では、SDGsが掲げる「誰一人取り残さない」社会は達成できません。トリクルダウン型の経済成長は、格差を拡大させ、さらなる温暖化を招き、結果的に地球規模の貧困を拡大することになります。(11) 「惑星の限界」がはっきりし、温暖化・気候変動のハザードが明瞭になってくるなかで、トリクルダウン型ではない、貧困の解消が必要になります。

温暖化・気候変動を抑えるためには、「緩和」政策として、グリーン・ニューディール政策が新しい経済成長モデルとして期待されています。先述のようにパリ協定でも確認されているようにその基本原則は、「労働力の公正な移行(Just Transition)とディーセントワーク(Decent Work)および質の高い雇用の創出」にあります。もし、グリーン・ニューディール政策が、従来の成長モデルのように、成長の果実が富裕層から貧困層にしたたり落ちる、格差を拡大するような従来のトリクルダウン型になってしまえば、その成功は期待できません。

日本では、現在、グリーントランスフォーメーションなどを推進していますが、その内容は産業政策にとどまっている可能性があり、社会全体の底上げの視点はみられません。

脱炭素を進める際には、貧困・格差への留意が重要です。温暖化・脱炭素の影響は均一ではなく、最も大きな影響が発生するのは貧困層です。もちろん温暖化・気候変動対策は、貧困層にとっても大きなメリットがあるわけですが、温暖化対策のその過程で、対策そのものが貧困層にダメージを与える可能性もあります。その場合、不満をもつ貧困層は温暖化対策に協力しないでしょう。

（2）貧困と環境の罠

気候変動と貧困の関係、温暖化対策と貧困の関係については、大きな問題になっています。IPCCのワーキンググループ2の第四次報告(WG2AR4)までは、記述は比較的少なかったのですが、二〇一四年の第五次報告(AR5)から大きくページを割くようになってきています。AR5、そして二〇二一年からの第六次報告(AR6)では、気候変動がその他のさまざまなストレッサーを通じて貧困・格差を拡大することを大きく取り扱うようになりました[12]。

環境要因と非環境要因が恒常的な貧困のリスクを高めることを「貧困と環境の罠(Poverty–Environment Traps)」と呼びます(図4-6)。

温暖化・気候変動により、災害を通じてとくに農業部分の生産量の減少からくる栄養不良(健康悪化、伝染病、心理面・感情面の課題など)[13]、人的資源に悪影響、生活拠点・生産拠点の喪失、生産物の質・量の低下、賃金の低下が発生します。自然災害の後にうつ病が増加し、気温と自殺率の関係も指摘されています。さらに気候変動は、マクロ経済の管理も困難にします。気候変動による自然災害が生産量や価格の変動を引き起こし、さらに災害からの復興、適応への投資など、自然災害のコストが政府の

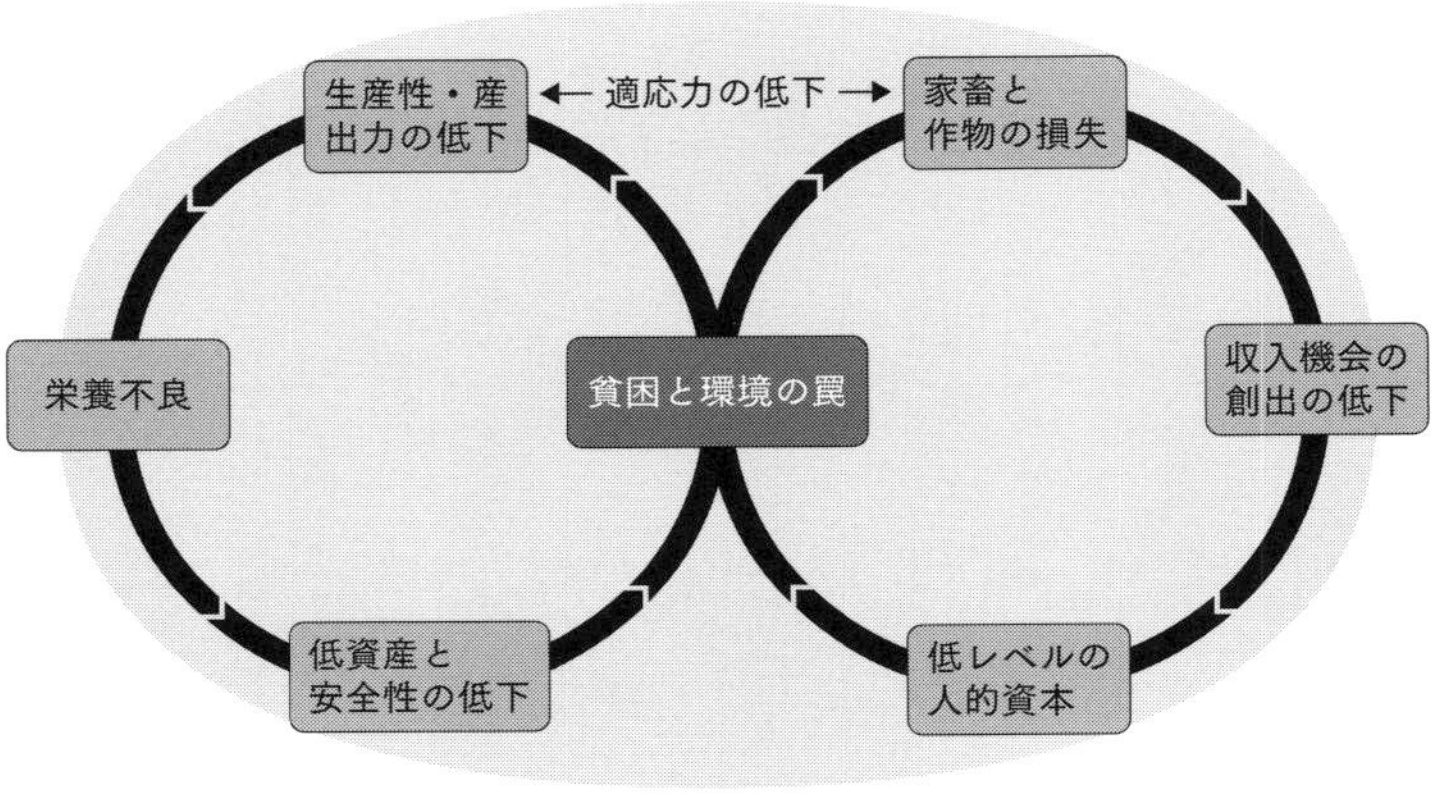

図 4-6 「貧困と環境の罠」

出典：IPCC(2022)

財政の持続可能性を損なうからです。

国際的には途上国の国民に、先進国では、気候変動により貧困層にダメージが集中し、そのダメージが恒常化する、「貧困と環境の罠」が指摘されています。[14]

(3) 気候変動に脆弱な貧困層

温暖化・気候変動が貧困層に与える影響、つまり脆弱性を把握するには、貧困を経済力だけではなく、多元的に捉える必要があります。気候変動は、経済的なダメージだけではなく、非経済的なダメージももたらすからです。多元的な貧困概念には、人的資本、物的資本、金融資本、社会資本、文化資本の欠如、剝奪、孤立が含まれます。

温暖化・気候変動がもたらす気候ハザードは、人々の生活にどのような影響を与えるでしょうか。代表的なものとしては、前述のように災害、気温の上昇が引き起こす農産物の収穫の減少・饑饉、そして食糧価格の上昇(食糧不安、栄養失調)、のみならず生活基盤の喪失(就労機会の喪失)、健康被害、労働生産性の低下があります。

例えば、継続的な気温上昇は、気温の変化に脆弱な産業(農業、鉱業、製造業、建設業)で労働供給・生産性に悪影響を与えることが指摘されています。

また気温上昇によって、労働者の心理的負担が上昇し、死亡が増えること、生産性が下がること、人々の学習パフォーマンスが低下することなども確認されています。

気候変動が、途上国に深刻な影響、とくに災害をもたらすことについては多くの研究があります[15]。とくに途上国では、貧困層ほど気候変動による海面上昇、災害、山火事など頻発する異常気象の影響を受けやすいところに住んでいます。

災害の被害額についてみると、その約六五%が高所得国に集中していますが、国別の被害額がGDPに占める割合は、途上国では二〇%あるいは一年のGDPを超える場合があるとされています[16]。こうした災害に対しては、途上国は対応する余力がありません。

他方で、先進国内で、気候変動が貧困層にどのような影響を与えるのか、対策のコストがどのように転嫁されていくのかは、あまり意識されていません。

先進国でも貧困層は、気候変動が引き起こす食糧価格の上昇にも対応できません。加えて先進国でも災害により家や資産を失うと、貧困層は回復できないほどのダメージを受けます。先進国では自然災害に対し、損害保険に加入してリスクをカバーするという方法もありますが、貧困層・低所得層ほど生活に余裕がないので、損害保険には加入しない傾向があります。

（4）気候変動と健康被害

温暖化そして気候変動は、人間の健康に直接影響を与えます。気候変動による異常な高温、低温も健康状態を悪化させます。それは途上国のみならず先進国でも同様です。ザノベッティらは、米国において気候変動が平均寿命にもたらす長期的な影響を分析し、「夏の温度変化が高齢者の死亡率を高めている」ことを明らかにしています(Zanobetti, A. et al. 2012)。日本においても、近年の夏の異常高温による熱中ストレスや熱中症による死亡者数の増加が続いています。[17]

極端な気候変動の発生によって、冬期における低温環境下で循環器系疾患、呼吸器疾患の死亡者の増加も確認されています。

温暖化が気温関連死亡リスクに与える総合評価については、ツァオらは、二〇〇〇年から二〇一九年までの気温関連の死亡率を分析した結果、寒冷関連の死亡者数が大幅に減少している一方で、熱関連死者数が緩やかに増加していること、そして地球温暖化が気温関連の死亡者数をわずかに減少させる可能性もあるが、長期的には、気候変動は死亡率を増加させるとしています(Zhao, Q. et al. 2021)。

さらに、極端な気候変動が寿命を短くさせることを裏付ける研究も出ています。

カールトンは四〇カ国の地域別データを使用して、年齢別の死亡率と気温の関係を推定し、高齢者の場合、極度の寒さと暑さが死亡率を高めるU字型の関係があることを明らかにしています(Carleton, T. A. 2020)。

そのほか、気温の変化による健康被害には、害虫や感染症の増加という側面もあります。こうした気候変動がもたらす健康被害に対する途上国の対応力は不十分です。他方、先進国における、こうした気候変化への対応力は、健康状態や経済力に依存しており、高齢者、子供、基礎疾患、有病者等、その他の健康問題を抱える人、そして貧困世帯は全般的に脆弱です。先進国内で、気候変動によって、所得階層で健康面、寿命面でどのような影響の違いがあったのかはいまだ不明な部分もあります。ただし、直接、気候変動ではないが、新型コロナのようなパンデミックでも、先進国では社会経済階層状況によって罹患率、死亡率が異なり、低所得層・貧困層のほうが感染率・死亡率が高いことが明らかにされています。同様のことは日本でも確認されています。[18]

（5）適応にともなう費用負担——エネルギー貧困

気候変動に適応するため、人々は室温をコントロールすることになります。そのためには、エネルギー・燃料が必要です。温暖化・気候変動から生命と健康を守るためのエネルギー・燃料に関する支出は、必需的な性格が強いため、エネルギー・燃料支出は、低所得者ほど負担が重い（所得や全支出に占める割合が高い）という逆進的な性格があります。

温暖化・気候変動への適応としては、住宅の断熱機能の強化や省エネ電化製品の購入による、エネルギー費用の節約も可能かもしれません。[19]しかし、一般的には、こうした住宅の機能強化や省エネ機能が充実した商品は高価格になり、貧困世帯にはそのような余裕はないのが現実です。

もちろんエネルギー効率が改善されれば、最終的には貧困層のエネルギー費用負担も解消できる可能性はあります。[20]しかし、それまでの過程が重要です。

そこで「エネルギー貧困」という概念が出てきます。必需性の高い食費や住宅費も同様ですが、家計に占めるエネルギー・燃料支出(光熱費)が過大になると、他の支出を圧縮します。通常の貧困率の測定は、等価可処分所得の中央値の五〇%未満で暮らす人々の割合で表しますが、適切なコストで必需財にアクセス可能なのかという、アフォータビリティ(支払い能力)で貧困を定義する場合は、所得・全支出のどのくらいを特定に必需費目の支出が占めるのかという方法で測定します。その目安として、所得の一〇%以上を光熱費が占める世帯を、エネルギー貧困と評価します。

このエネルギー貧困の問題はこれまで日本では、あまり注目されてきませんでした。しかし、日本においても二〇〇〇年代以降に、エネルギー価格の上昇と所得の停滞、格差・貧困の拡大のなかで次第に問題になってきました。そして、新型コロナの影響で、失業や収入減、そして昨今の円安、ウクライナ侵攻などによるエネルギー価格の高騰により、エネルギー貧困はより深刻になっています[21]。

そして、エネルギー貧困に政策的に対応し、エネルギー利用に関して費用の公平な分配や、開かれた透明性の高い意思決定確保などを扱うことを、「エネルギー正義(論)」といいます。

宇佐美・奥島(二〇二二)は、この「エネルギー正義(論)」と「気候正義(論)」を統合して、従来とは異なる温暖化政策に関する知見を提示しています。宇佐美・奥島は、まず所得の一〇%基準でエネルギー貧困率を推計し、次に地域の気候や住民と家族構成の違いなどを調整し、適切な量のエネルギーサービスを得られない世帯を「基本的エネルギーニーズを享受できない」世帯とし、この新指標でのエネルギー貧困率を計算しています。この基本的エネルギーニーズを満たすために必要なCO_2排出量を「基本的炭素ニーズ」と定義し、これは、実際に使用するエネルギー源の種別構成(電気、ガス、灯油の利用割合)や再エネへのアクセス、そして購入する実際の電源構成(石炭、石油、天然ガス、原子力、再エネ)に依存するとしています。当然ながら基本的炭素ニーズは地域によって異なり、北海道などの寒冷地は大きくなり、関西、九州では小さくなります。ただし、この基本的炭素ニーズは電源構成にも影響を受けるため、石炭火力発電の多い沖縄では、高くなります。気温だけではなく、エネルギーインフラの質の格差、つまり低炭素エネルギーアクセスへの違いにより基本的炭素ニーズが異なります。このような各人の責任ではない基本的炭素ニーズの違いを無視し、経済効率性の観点から炭素税などのエネルギー転換の費用を一律で負担させることは、気候正義やエネルギー正義の観点からは公平性を損なう問題としています。このような宇佐美・奥島の指摘は、今後の温暖化政策全体にも重要な示唆を与えるものです。

また「エネルギー正義」は、欧州でも注目されており、研究が進んでいます。その背景には、二〇〇〇年代以降のエネルギー価格の上昇や実質所得の減少があり、欧州でもエネルギー貧困対策、つまり福祉政策と地球温暖化防止政策がともに総合政策として取り組まれています。

英国では、二〇〇〇年以降から気温と健康の問題に取り組んでいます。英国の「エネルギー・燃料貧困戦略」では、低すぎる室温などにより、収入源の喪失、食糧不安、栄養失調、労働生産性の低下、生命・健康の危機などにつながる問題としています。収入の一〇%以上をエネルギー・燃料に費やさなければいけない世帯を、エネルギー貧困世帯としています。英国では、エネルギー貧困者世帯の五一%が無職(定年退職者や非労働者が三九%、失業者が一二%)であり、とくに定年退職者、低所得労働者、高齢者、障害者、ひとり親世帯などの社会的弱者はエネルギー貧困に陥るリスクは高いとされています。(22)

3 環境政策と福祉政策の連携——新しい社会政策の確立

本章では、温暖化・気候変動と貧困・格差の関係を見てきました。貧困・格差と温暖化・気候変動の間には悪循環があり、両者に同時に取り組まないと、この悪循環は解決できません。気候変動が、温暖化対策、脱炭素が貧困層にどのような影響を与えるのか、環境政策が貧困層、再分配に与える影響については、今後、より実証的な研究が待たれます。

加えて、新型コロナの影響は、貧困者・低所得者に集中しており、どの国の低所得者も気候変動に対処したり、気候変動に適応したりする能力が低下しています。

温暖化対策も急がれますが、新型コロナの回復期においては、いっそう貧困者・低所得者に配慮した政策が重要になります。

温暖化や温暖化対応が、貧困層の負担を引き上げるという問題を解決するには、高所得者や先進国の温暖化の責任の所在を明確にし、貧困層の負担をなくして、脱炭素社会に移行するという「公正な移行」が重要になります。そのためには、国際的には先進国から途上国への充実した資金および技術的支援が重要です。これが、二〇二二年一一月のCOPで議論になった補償制度です。

では、国内における気候正義の議論はどうでしょうか。排出量の多い高所得者層が責任をもち、低所得者層・貧困層への支援、具体的には所得再分配政策などが議論されているでしょうか。

（1）緩和にともなう政策の逆進性

これまで見たように温暖化・気候変動は、とくに貧困層を苦しめます。そこで緩和政策が必要になります。しかし、緩和政策自体が貧困層に大きな負担をかけます。炭素税・カーボンプライスで化石燃料に課税や費用負担をかけ、CO_2の排出を減少させるという方法で地球温暖化対策を行うと、最終的には、その費用は価格に転嫁されます。この結果、炭素税・カーボンプライスは、家計の光熱費を引き上げ、光熱費の逆進性をさらに強めます。こうした逆進性は貧困層・低所得者層から不満が出ます。二〇一八年に、燃料税の引き上げをきっかけにフランスで発生した「黄色いベスト運動」は、この問題が顕在化したものといえるでしょう。このように貧困や格差を考慮しない緩和政策は、貧困層や途上国から協力を得られないでしょう。その結果、温暖化は進み、適応できない途上国と貧困層は、さらなる貧困状態になります。「貧困→温暖化→貧困→温暖化」というループ状態になってしまいます。

（2）公正な移行のための金融資産課税

温暖化対策が貧困世帯・低所得層にダメージを与えるというのは、①所得に占めるエネルギー支出の割合が比較的大きいことで炭素課税によるエネルギー価格の上昇が逆進性をもつこと、②温暖化対策による産業構造の転換により、とくに貧困層・低所得層が、CO_2排出量の多い運送業、中小零細の製造業、鉱業などで雇用されており、それらの雇用が脱炭素にともなう産業構造の転換で、なくなるためです。②については、日本でかつて実際に発生しています。一九七〇年代、石炭から石油へのエネルギー転換政策により、北九州などにあった炭鉱地域は衰退し、多くの炭鉱労働者が困窮状態に陥りました。

温暖化対策そのものが逆進性をもち、貧困世帯をより困窮させるという問題は、環境政策と社会保障政策を組み合わせることで解決可能です。

ＩＭＦは炭素税の逆進性を防ぐ方法として、炭素税収の六分の一から四分の一を財源にし、現金給付を行えば下位二〇％の層の負担を完全に補償でき、税収の四〇～五五％で下位四〇％の補償ができるとしています。[23] さらに、グリーン経済のための公共インフラなどへの公共投資を増やし、加えて労働者の再訓練などにより高炭素部門から低炭素部門への雇用の移行を支援する必要があります。このことにより、温暖化対策において発生する政治的対立を解消することができます。

このように政府が徴収した炭素税を基金にして、国民全員に一律あるいは低所得者に加重し、現金給付や社会福祉サービスを提供すれば、つまり環境政策と福祉政策を連携させれば、「地球温暖化対策の逆進性」を克服することができます。[24]

一九九〇年に世界で初めて炭素税を導入したフィンランドでは、炭素税の税収を所得税の減税や企業の社会保障費削減による税収減の一部の補填に使っています。フィンランドに続いて炭素税を導入したスウェーデンも炭素税の増収によって得た税収増額分の相当額を低所得者層の所得税軽減に活用しています。

しかし、これでは、多くの温室効果ガスを排出してきた富裕層の責任は不十分で、気候正義を達成していません。気候正義まで踏み込むためには、富裕層への金融資産に対する温暖化責任課税を行い、その財源を使って貧困層の負担軽減、例えば貧困層の自然災害に対する損害保険の保険料補助や住宅改装、省エネ家電購入の補助を行うなどの方法もあります。

(3) 日本の政策動向

では日本国内の政策では、公正な移行は議論されているのでしょうか。二〇二二年の年末から、脱炭素への政策は急激に進みつつあります。経済産業省は、二〇二二年一二月に脱炭素社会を実現するため、今後一〇年間で実施する二〇兆円規模の政府支援案を公表しました。水素、アンモニアなどCO_2を排出しない非化石エネルギーの需要拡大や研究開発に約六兆〜八兆円を充て、その財源の一部は化石燃料の輸入事業者から徴収する賦課金で賄う想定で、二〇二八年ごろから導入するとしています。賦課金は、CO_2排出企業に負担を求めて削減を促す「カーボンプライシング」の一環として、石油元売りや電力会社、商社などを対象に、CO_2排出量に応じて徴収するとされています。

日本で導入が検討されている「カーボンプライシング」すなわち炭素税は、生産から流通、消費の過程の三つの段階で課税される可能性があります。すなわち化石燃料の採取や輸入の段階(上流課税)、化石燃料製品や電気を出荷する段階(中流課税)、化石燃料製品を工場、オフィス、家庭等へ供給する時点で課税(下流課税)するのです。課税である以上、当然、増税分は価格に転嫁されていきます。そして、「化石燃料消費によるCO_2排出を削減したい場合には、消費段階によって排出量は変化しないため、上流・中流・下流すべてが選択可能です。価格転嫁が行われる限り、上流での課税においても消費者の消費行動を直接対象とすることになる」とされており、価格は最終的には消費者に転嫁される可能性が大きいと考えられます。[25]

この炭素税の課題については、中央環境審議会「カーボンプライシングの活用に関する小委員会」の中間とりまとめでは、「カーボンプライシングに伴うエネルギーコストの急激な上昇による負担の増大、国際競争力の低下及び逆進性の問題等、生じうる課題に適切に対処する」、「炭素税の課題として、確実性を持ってCO_2排出削減量の担保がされにくい点や、仕組みによっては民間企業の投資・イノベーションの原資が奪われる可能性やエネルギーコストの上昇によって産業の国際競争力に悪影響を与える可能性といった懸念点、逆進性や税負担に対する国民の受容性の問題等が考えられる点も事務局から示された」などの指摘にとどまっており、公正な移行を意識した議論は不十分に思われます。

その一方で、「低所得者への配慮は炭素税の制度自体に閉じた話ではなく、政策全体として包括的に行うべき」という重要な指摘もあります。

国内においても気候正義、エネルギー正義に留意し、環境政策と福祉政策が連携した公正な移行につながる「新しい社会政策」への展開を期待したいと思います。

注

（1）脆弱性という概念は、肱岡（二〇二一）一五頁によると、「悪影響を受ける傾向あるいは素因。脆弱性は危害への感受性又は影響の受けやすさや、対処し適応する能力の欠如といった様々な概念や要素を包摂している」と定義されている。この他、脆弱性に関する概念については同二二頁も参照のこと。

（2）https://wir2022.wid.world/www-site/uploads/2021/12/wir2022-full-report-english.pdf

（3）The report of the Cambridge Sustainability Commission on Scaling Behaviour Change.

（4）パリ協定は、二〇一五年にパリで開かれた、温室効果ガス削減に関する国際的取り決めを議論した「国連気候変動枠組条約締約国会議（ＣＯＰ）」で合意されました。一九九七年に定められた「京都議定書」の後継です。

（5）https://www.ilo.org/tokyo/events-and-meetings/WCMS_410262/lang--ja/index.htm

（6）二〇二一年のCOP26の合意文書で「気温上昇を一・五度に抑える努力を追求する」という表現が採択されました。それ以前は、二〇一五年採択のパリ協定では、「気温上昇を二度よりかなり低くし、できれば一・五度に抑える」としてきましたが、その実現のためには、世界の排出量を三〇年までに二〇一〇年比で四五％減らし、五〇年には実質ゼロにする必要があるという、曖昧な表現のままでした。

（7）WG1は「気候システム及び気候変動の自然科学的根拠についての評価」、WG2は「気候変動に対する社会経済及び自然システムの脆弱性、気候変動がもたらす好影響・悪影響、並びに気候変動への適応のオプションについての評価」、WG3は「温室効果ガスの排出削減など気候変動の緩和のオプションについての評価」を行っています。TFIは「温室効果ガスの国別排出目録作成手法の策定、普及および改定」を行っています。

（8）Climate Change 2021: The Physical Science Basis. https://www.ipcc.ch/report/sixth-assessment-report-working-group-i/

（9）IPCC(2022)p. 1201.

（10）IPCC(2022)p. 1199.

（11）IPCC第五次報告の七九六頁では、「経済成長と貧困削減は、食料安全保障を侵食し、新たな貧困の罠を生みだす」としています。

（12）IPCC(2022)参照。

（13）エコロジカル・グリーフ(生態学的な悲嘆)とは、地球が温暖化するにつれて失われていく生態系や生物種、生活様式などについて悲嘆することです。

（14）先進国内での温暖化・気候変動と貧困・格差の関係、所得階層別の影響については、今後の研究領域とされています。IPCC(2022)p. 1205を参照。たしかに、日本では、温暖化・気候変動による災害や健康被害が所得階層間でどの程度の差があるのか具体的に検証した研究は少ない状況にあります。

（15）IPCC(2022)p. 1206.

（16）内閣府(二〇一五)。https://www.bousai.go.jp/kaigirep/hakusho/h27/honbun/0b_1s_03_03.html

（17）気温変化以外にも、温暖化による花粉の増加はアレルギー患者を増やします。

（18）Yoshikawa & Kawachi(2021).

(19) ＥＵ加盟国のブルガリア、ルーマニアなどの東欧諸国はエネルギー貧困の割合が高く、スウェーデンやオランダは低い傾向があります。北欧のように冬の寒さが厳しい地域でも、住宅の断熱性能を高めれば、暖房使用量を少なく抑えることができ、エネルギー貧困を緩和することができます。

(20) 環境省「気候変動対策と経済・社会の関係に関する国際的な議論の潮流について」https://www.env.go.jp/press/102358.html

(21) 星野・小川(二〇二〇)参照。

(22) エネルギー貧困の世帯は、英国で四五〇万人、ＥＵ全体では五〇〇〇万人から一億二五〇〇万人いると推計されています。

(23) ＩＭＦは、所得分布で下位四〇%の世帯の負担を補償するためには、米国ではカーボンプライシングから得る総収入の五五%を、中国は四〇%を貧困世帯に給付する必要があるとしています。https://www.imf.org/ja/Blogs/Articles/2020/10/07/blog-finding-the-right-policy-mix-to-safeguard-our-climate

(24) このアイディアは、米国の著名経済学者約三六〇〇人が二〇一九年にグローバル気候変動問題に対処する方法として、ウォールストリートジャーナル紙に一面広告で提案をしています。https://www.clcouncil.org/economists-statement/

(25) 環境省「カーボンプライシングの活用に関する小委員会(第6回)資料」https://www.env.go.jp/council/06earth/cp06_mat02.pdf

参考文献

上園昌武 二〇一七、「地球温暖化対策とエネルギー貧困対策の政策統合——ドイツの省エネ診断制度を事例に」『経済科学論集』二〇一七—〇三、Vol. 43。

宇佐美誠編 二〇一九、『気候正義——地球温暖化に立ち向かう規範理論』勁草書房。

宇佐美誠 二〇二一、『気候崩壊　次世代とともに考える』岩波ブックレット。

宇佐美誠・奥島真一郎 二〇二一、「公平なエネルギー転換——気候正義とエネルギー正義の観点から」国立環境研究所・小端拓郎編『都市の脱炭素化』大河出版。

奥島真一郎 二〇一七、「「エネルギー貧困」・「エネルギー脆弱性」・「エネルギー正義」——日本における現状と課題」

『科学』Vol. 87、No. 11。
杉野誠・有村俊秀・森田稔 二〇一二、「地球温暖化対策税による産業・家計への影響」『環境科学会誌』二五巻二号。
内閣府 二〇一五、『平成二七年版 防災白書』 https://www.bousai.go.jp/kaigirep/hakusho/h27/honbun/0b_1s_03_03.html
橋爪真弘 二〇二〇、「公衆衛生分野における気候変動の影響と適応策」『保健医療科学』Vol. 69、No. 5、四〇三—四一一頁。
肱岡靖明 二〇二一、『気候変動への「適応」を考える——不確実な未来への備え』丸善出版。
星野優子・小川順子 二〇二〇、「エネルギー価格上昇が家計に与える影響」『第三六回エネルギーシステム・経済・環境コンファレンス』(エネルギー・資源学会主催)(二〇二〇年一月二八日)
Carleton, T. A., Jina, A., Delgado, M. T., Greenstone, M., Houser, T., Hsiang, S. M., Hultgren, A., Kopp, R. E., McCusker, K. E., Nath, I. B., Rising, J., Rode, A., Seo, H. K., Viaene, A. Yuan, J., & Zhang, A. T. 2020, "Valuing the global mortality consequences of climate change accounting for adaptation costs and benefits", *NBER Working Paper, 27599*.
Diffenbaugh, N. S., & Burke, M. 2019, Global warming has increased global economic inequality, Proceedings of the National Academy of Sciences of the United States of America, 116(20), 9808–9813. https://doi.org/10.1073/pnas.1816020116
Holland, T. G., Peterson, G. D., & Gonzalez, A. 2009, "A cross - national analysis of how economic inequality predicts biodiversity loss", *Conservation biology*, 23(5), pp. 1304–1313.
IPCC 2022, Climate Change 2022: Impacts, Adaptation and Vulnerability. https://www.ipcc.ch/report/ar6/wg2/
Milanovic, B. 2009, "Global inequality recalculated: The effect of new 2005 PPP estimates on global inequality", *MPRA paper* No. 16538.
Yoshikawa, Y., & Kawachi, I., Association of Socioeconomic Characteristics With Disparities in COVID-19 Outcomes in Japan. JAMA Netw Open. 2021 Jul. 1; 4(7): e2117060. doi: 10.1001/jamanetworkopen. 2021. 17060. PMID: 34259847; PMCID: PMC8281007.
Zanobetti, A., O'Neill, M. S., Gronlund, C. J., Schwartz, J. D., Summer temperature variability and long-term survival

among elderly people with chronic disease. Proc Natl Acad Sci USA. 2012. Apr. 24; 109(17): 6608–13. doi: 10.1073/pnas. 1113070109. Epub 2012 Apr. 9. PMID: 22493259; PMCID: PMC3340087.

Zhao, Q., Guo, Y., Ye, T., Gasparrini, A., Tong, S., Overcenco, A., Urban, A., Schneider, A., Entezari, A., Vicedo-Cabrera, A. M., Zanobetti, A., Analitis, A., Zeka, A., Tobias, A., Nunes, B., Alahmad, B., Armstrong, B., Forsberg, B., Pan, S.-C., Íñiguez, C., Ameling, C., De la Cruz Valencia, C., Åström, C., Houthuijs, D., Dung, D. V., Royé, D., Indermitte, E., Lavigne, E., Mayvaneh, F., Acquaotta, F., de'Donato, F., Di Ruscio, F., Sera, F., Carrasco-Escobar, G., Kan, H., Orru, H., Kim, H., Holobaca, I.-H., Kyselý, J., Madureira, J., Schwartz, J., Jaakkola, J. J. K., Katsouyanni, K., Hurtado Diaz, M., Ragettli, M. S., Hashizume, M., Pascal, M., de Sousa Zanotti Stagliorio Coélho, M., Valdés Ortega, N., Ryti, N., Scovronick, N., Michelozzi, P., Matus Correa, P., Goodman, P., Nascimento Saldiva, P. H., Abrutzky, R., Osorio, S., Rao, S., Fratianni, S., Dang, T. N., Colistro, V., Huber, V., Lee, W., Seposo, X., Honda, Y., Guo, Y. L., Bell, M. L., Li, S. "Global, regional, and national burden of mortality associated with non-optimal ambient temperatures from 2000 to 2019: a three-stage modelling study", *Lancet Planet Health*, 2021 Jul.; 5(7):e415–e425. doi: 10.1016/S2542-5196(21)00081-4. PMID: 34245712.

第II部

新たな社会を展望する

5 新しい経済構造を切り拓くサーキュラー経済の意義

喜多川和典

はじめに

一九七二年に発表されたローマクラブによる報告書「成長の限界」は、限りある資源の継続的な利用が無期限に持続可能ではないことを明らかにしました。そして、仮に地球が環境を再生する速度以上のペースで地球の資源を人間が消費し続ける場合、世界経済の崩壊と急激な人口減少が二〇三〇年までに発生する可能性があると推定し、世界各国に衝撃を与えました。また、世界自然保護基金（WWF）の報告書[1]（二〇一〇年）は、人間の天然資源への需要が約四〇年前に比べ倍増しており、現在の消費生活を支えるには地球が一・五個、二〇三〇年までには地球二個分相当の資源が必要になるとする予測を発表しました。

これらの議論を受けてEUは、これまでの「取って、作って、捨てる」一方通行型の経済を続けながら生じた環境問題について、経済本体の活動から離れたところで行われるリサイクルなどによって補完的に解決できるかを議論しましたが、そのやり方では、将来起こり得る環境問題を解決することは、到底不可能であるとの結論に到りました。そのうえでEUが達した問題解決の重要な考え方が、「資源消費に依存しないビジネスが成功する経済」への移行です。そして、そのような経済のあり方を「サーキュラー経済」(以下、CE)と呼ぶようになりました。

すなわち、EUにおけるCEとは、現代における天然資源の消費が、地球の天然資源の供給能力を上回る規模で増加している問題を解決するために提唱された概念です。そしてここで留意すべきことは、従来型の3R(Reduce, Reuse, Recycle)とは異なり、環境政策の枠組みを超えた経済産業政策であり、経済全体の変革を求める政策であるということです。

また、CEでは、リサイクルだけでなく、製品寿命を延ばすための修理やリユース、また使用済み後も、リメークでアップグレードしたり、部品単位でリユースする取り組みがこれまで以上に重視される点も、従来の3Rとは異なります。つまり、より少ない製品でより多くの人たちのニーズを満たす、シェアリングやサブスクリプションなど、製品機能をサービス化して提供するビジネスモデルの開発がCEにとっての重要なテーマとなります。

なぜなら、消費者が製品を直接所有しなければ、消費者自身が製品を廃棄することはなくなります。また、事業者が多くの製品を一括管理して製品機能を、サービスを通じて、多数のユーザーに提供するのであれば、製品・部品利用の長期化と循環利用はサービスコストを低減させるため、それらの努力はビジネス上の競争優位にもつながります。ここにおいて環境保護と経済活動が同時に成り立つとともに、製品の生産量と使用済み製品の発生量の削減にもつながります。結果として、素材・製品の製造と運搬などに関わる温室効果ガス(以下、GHG)の排出量の削減にも貢献するのです。

このような製品機能をサービスを通じて提供するビジネスモデルは、近年、顕著に発展したデジタル技術によって、その実現性が高まったことも、このような変革の実行を後押ししています。

英国に本部を置く、CEを推進する国際的NGOであるエレンマッカーサー財団は、世界規模のカーボンニュートラルを達成するには、それに必要なGHGの排出削減のうち、およそ四五％は、おもにCEの取り組み（例：新造する代わりに製品をメンテナンス・修理・アップグレードして使う、主要素材の原料と製造法を変更、農業においては農地再生、土壌炭素の隔離等）によって削減されなければならないとの試算結果を示しています。(2)

こうした背景もあり、EUはこれまでに二度にわたりCEに関わる行動計画を発表しています。とくに第二次のCE行動計画を発表した二〇二〇年三月、ほぼ同時期に「欧州新産業戦略」が発表され、持続可能な経済成長を推進するグリーンディールとデジタルを「ツイントランジション」として欧州の産業戦略の核として位置づけました。そこでCEは「グリーンディールの経済的中心」に位置づけられました。

本章では、EUがこれまで公表した二つのCE行動計画を中心に、EUにおけるCE政策の現在と将来について、分析を試みたいと思います。

以下の考察において示すように、EUにおいても、従来のリニア経済に基づくビジネスがまだ主流として残っています。今日明日の生業を続けながら、将来につながるCEへと転換するのが容易でないのは、日本の企業と同じです。しかし、そうした条件下で、EUのCE政策を軸に、CEがより広い範囲のビジネスに行き渡るようにし、リニア経済の範囲を少しでも狭めていくための取り組みを進めています。したがって、欧州においてもCEへの移行は道半ばであり、これからも当分の間、さまざまな議論と試行錯誤が続いていくものと思います。

1　EUのサーキュラー経済政策の背景と目的

EUはこれまで日本と同様、使用済み製品品目ごとに個別の廃棄物リサイクル政策を実施してきました。しかし、この延長線上に真の循環型社会の実現はないと結論づけ、まったく新たな統合的資源政策に基づく、真に持続可能な循環型社会の構築および高効率な資源管理政策を追求する方針へと転換することを決め、社会全体をCEへと移行する政策を進めています。

欧州においてCEは、環境関係者のみならず、経済学、経営学、工学、環境科学、社会科学など、広範な領域の学識者・専門家に頻繁に利用されるコンセプトとなっています。しかし一方で、CEのコンセプトは必ずしも新しいものでなく、それぞれの国、地域で異なる経験が蓄積されており、また、上述のような多方面の異なるアプローチがなされる背景もあるため、CEについて論争のともなわない統一された定義は、これまでのところありません。ある研究者の調査によれば、二〇一七年時点で一一四もの定義が確認されました(3)。そうした状況ではありますが、欧州統計局は、次のようにCEを定義しています(4)。

CEとは、廃棄物の発生を最小限に抑えながら、製品、材料、および資源を使用終了時に製品のサイクルに戻すことにより、それらの価値を可能な限り長く維持することを目的とする取り組みである。

2　EUのサーキュラー経済行動計画

先述のようにEUはCEに関わる行動計画をこれまで二回公表しています。第一次行動計画(5)は二〇一五年一二月二日、第二次行動計画(6)は、二〇二〇年三月一一日に公表されました。第一次CE行動計画は、ビジネスのバリューチェーンを包括的に対象とする資源循環政策として、EUが初めて公表した政策文書です。

この行動計画では、それまで製品品目別の拡大生産者責任制度に依拠し推進されてきたリサイクルを、「自治体系廃棄物」(欧州では、家庭ごみのほかに日本でいうところの産業系・事業系ごみもかなりの部分含みます)にも広げ、二〇三〇年から六五％以上という強制的な高いリサイクル目標値を課すことを求めました。

EUのレビュー(7)によれば、第一次行動計画では五四のアクションが設定されましたが、四年にわたる実施により、それらの目標は概ね達成されました。しかしながら、資源ループを閉じるためにEUがすべきことはまだ多く残されているとして、第二次CE行動計画が発表されました。この行動計画における重点課題は「持続可能な製品政策」(後述)であるとし、これまでの自発性頼みのアプローチでは政策としての影響力が弱いとして、法制化を進める方針を示しました。EUは、この行動計画の開始から一〇年間に、総額で約一兆ユーロの公的投資を想定しており、EUの政策的なイニシアティブにおいても巨人クラスの規模となります。

以降では、これら二つの行動計画を比較することで、EUにおけるCE政策の変化と今後の推移に関わる考察を試みたいと思います。

(1) 二つの行動計画の比較に関わる考察

CE行動計画に関する分析の先行研究には、コヴァチッチ、シュトラント、フォルカー(2019)による政策分析(8)および、カリスト・フリアント、フェレメレン、サロモーネ(2020)による政策分析(9)があります。

前者(注8)の分析結果では、CEは、リーマンショックによる経済危機のあと、EUに環境政策を注入し直すといった控えめな政策提案として始まり、コンセンサスを得やすくするために経済的な利益と成長の可能性を前面に立てたと述べています。二〇一四年、欧州委員会は、CEについて「消費を増やすことなく経済成長を伴い、生産チェーンと消費習慣を変革し、産業システムを再設計する開発戦略」として、政策提案を行いました。

この頃のCEは、現実的な必要性が示される一方、特別に重要な政策ではなく、経済変革や社会の体系的な変化を求めることなく、環境と経済の相互利益を強調する程度のものでした。このようにCEに関するEUの最初のアイディアは、経済変革による犠牲を払うことなく環境目標を実現することにありました。

しかし、欧州委員会委員長にユンケル氏が就任すると、CEに対するEUの野心は急速に高まります。そこで策定された二〇一五年の最初の行動計画において、CEは次のように位置づけられました。「製品、材料、および資源の価値が可能な限り長く経済活動の中で維持され、廃棄物の発生を最小限に抑える、より循環型の経済へと移行することが期待される。持続可能で、低炭素で、資源効率が高く、競争力がある経済を発展させるためのEUの取り組み」

そこに到って、経済と環境の両方におけるWin-Winを、資源価値の最大化と廃棄物の最小化によって生み出す野心へと発展したものと見られます。彼らによれば、経済危機の沈静化と気候変動のガバナンスの重視により、CEに対する野心が高まったと結論づけています。

後者(注9)による政策分析では、二つの軸に沿って概念的な類型化が試みられました。すなわち、彼らの分析では「CEに関するEUの言説とEUのアクションの二分法(dichotomy)」が用いられました。そこでは、EUはCEについて、総論的には改革主義のバージョンを強調していますが、他方、実際のアクションでは、細分化された技術中心の具体的な施策が示されています。この二分法に基づく分析によって、彼らはEUに対してその構造化と整合性の欠如を指摘し、批判を展開します。つまり、EUはCE政策における世界的なリーダーを目指す野心を掲げながらも、実際のところ、EU圏域で従来型のリニア経済を大きく改革するほどの努力をやるつもりはなかったと指摘しているのです。

この研究によれば、EUのCE政策について二つの性質が特定されます。ひとつは、CEへの移行に関する野心の高まりで、EUに環境問題への対策を復活させるやや控えめな試みから、EUの中心的な戦略における環境ガバナンスへと格上げされたということ。もうひとつは、この野心はおもに言説や主張に基づいており、現実レベルでは、社会・経済を改革するほどの本格的なアクションを定めていないこと。そして、この二つの着眼点に基づき、第一次と第二次の二つの行動計画における政策文書を比較しています。

第一次行動計画は、CEについて「製品、材料、および資源の価値が可能な限り長く経済活動の中で維持され、廃棄物の発生を最小限に抑える」経済として定義されました。他方、第二次行動計画におけるCEの定義は、「採取する以上に地球に還元する再生型成長モデル」としており、これらを比べると両者には、次のような大きな差があるといえるでしょう。

第一次行動計画の定義は、可能な限り維持・抑制することに焦点を当てていますが、第二次行動計画の定義は、再生に基づく持続可能性を重視しています。さらに、資源使用と廃棄物の削減を通し、地球に還元するとまでしているのです。換言すれば、第二次行動計画では、経済活動が環境への影響をマイナスからプラスへと転換させる必要があるものとなっています。明らかに、新しい定義の方が野心的です。

第二次行動計画の目標はまた、第一次行動計画と比べ、その政策範囲も深さも増しています。最初の行動計画では、CEは、「EUの競争力を高め」「エネルギーを節約し、資源を使い果たすことによる不可逆的なダメージを回避する」としています。一方、第二次行動計画では、CE政策の生態学的な重要性を強調し、企業と市民にとっての利点を強調しています。それは、社会的な利益と同時に、環境利益を一層重視する視点を前面に出した形となっています。

気候変動に関する環境目標についても、第一次行動計画では、「低炭素経済」を生み出すこととしていましたが、第二次行動計画では「気候中立」を達成するために必要な政策としており、こちらでもより高い目標を定めています。

このように、第一次行動計画では、ＣＥへの移行は「欧州に新しく持続可能な競争上の優位性を生み出すチャンス」という序文から始まっているように、ＥＵの経済的な成長機会がベースとなっていました。他方、第二次行動計画では、その動機はかなり変わり、「このままでは、世界の資源消費が、地球の許容枠を大きく超えてしまう」という、環境面の問題意識に基づくスタート地点が設定されたと見ることができます。さらに序文で「温室効果ガスの排出」と「生物多様性の損失」についても触れています。このように、第二次行動計画の背景には、地球の生態系に関わる問題意識が前面に出た形です。

このように環境への差し迫った問題意識に基づき、ＣＥの行動計画は、より野心的な表現を採用していますが、その実体は果たして言行一致なのかが問われるところです。

(2)二つの行動計画におけるアクションレベルの差

第二次行動計画に関わる言行不一致の問題については、カリスト・フリアント、フェレメレン、およびサロモーネ[10](2021)が指摘しています。

彼らは、第一次行動計画において、すでに基本的な概念規定とアクションレベルの不一致があると指摘しています。それが、第二次行動計画では、ＣＥに関わるデカップリングを含む、理念や概念規定が一層野心的になっていることから、その差を埋めるほどの野心的なアクションも提案されていなければ、両者の不一致は一層拡大する可能性があります。

そこで、第二次行動計画で提案されたアクションがそれにともなう程度、変更されたかどうか彼らの結論によれば、第二次行動計画は、第一次行動計画をほぼ踏襲しているだけで、同レベルのアクションしか示していません。

第二次行動計画の重要な変更部分は、「3．主要な製品バリューチェーン」であり、この章において「エレクトロニクスとＩＣＴ」「バッテリー」「自動車」「容器包装」が新たに盛り込まれたことです。確かに、これらは第一次行動計画の「優先分野」に記載されていなかったため追加の項目ですが、これらの追加項目においても適用された政策は同レベルに留まっており、適用される製品グループを拡げただけで、適用する手法における変更ではありません。

彼らの指摘によれば、他の章も、第一次行動計画から大きな変化は採用されていません。例えば、第一次行動計画における最初の二つの章である「1．生産」と「2．消費」は、第二次行動計画では「持続可能な製品政策の枠組み」に統合されて記述されています。同様に第一次行動計画の「3．廃棄物管理」と「4．廃棄物から資源へ」は、第二次行動計画の「4．廃棄物を減らし、価値を高める」にほぼ平行移動しているだけだと指摘しています。

さらに、第二次行動計画では、第一次行動計画が提案した五四のアクションよりも一九少ない三五のアクションに留まっています。また、これらのアクションのうち、五つが、既存の政策のレビュー(評価・見直し)としているため、新しく提案されたアクションはより少ないのです。

また、アクションに関わる記述が具体的でなくなっている点も指摘しています。例えば、第一次行動計画では、廃棄物関係の項目のリサイクル政策について、具体的なデータに基づいて、リサイクル優先の基本原則に基づいたアクションを推進すると明記していますが、第二次行動計画では、「経済成長から廃棄物の発生をデカップリングする」という言説的な目標を述べているに過ぎません。しかも、この場合のデカップリングが何であり、その取り組みと効果がどのような具体的なアクションからもたらされるのかに関わる記述は見当たらないと指摘しています。また、最重点課題として示された「持続可能な製品政策の枠組み」も、ＥＵが従来から唱えてきたＣＥ政策に対して新たに追加されたと言えるほどの概念ではありません。

ただし、この政策課題の設定が起点となり、二〇二二年三月、エコデザイン規則を抜本改正する法案が提案され、包括的な循環性の要求を、幅広い製品群で実現させようとしていることは、筆者は、注目に値する具体的なアクションと見ており、これについては詳しく後述します。

以上の考察から、ＥＵのＣＥ行動計画では、基本的な概念規定と言説が先行しており、それらと整合するほどの革新的なアクションは設定されておらず、行動計画の構造化は不完全な状態にとどまっていると見ることができます。

(3) 二つの行動計画におけるデカップリング概念の比較

ＣＥにおけるデカップリングとは、経済成長を資源消費の依存から切り離すことです。このようなデカップリングはＣＥ政策の基本的な目標のひとつです。

差し迫った人類の資源消費の問題に対し、ＣＥが提供しようとするソリューションは、天然資源消費に頼らなくても、経済成長や競争力を、継続して維持・増大できる、高いレジリエンスを有する経済を構築することです。また、CEにおけるデカップリングの必要性は、地球の生態系が保全可能な制限内に世界の天然資源の消費レベルを抑えるための対策でもあります。

そのデカップリングについて、第二次行動計画は、次のように述べています。

「CEの先進的な取り組みをしている企業のデカップリング対策を、より多くの企業に普及させることは、二〇五〇年までに気候中立を達成し、経済成長と資源消費のデカップリングの促進に貢献する一方、EUの長期的な競争力の醸成において、誰も取り残さないようにするために重要である」

では、EUが想定するCEにおけるデカップリングとはいかなるものでしょうか。第一次と第二次の行動計画を比較すると、EUにおいてこの概念が進化しているのがわかります。

CEが、廃棄物の発生をGDPの成長からデカップリングすることは、これまでの経験から概ね立証されています。

EUの報告書[11]は「GDPあたりの廃棄物の総発生量は、二〇〇六年以降一一%減少している」としており、このデータが正しければ、EUは廃棄物に関するCEの取り組みについて、デカップリングを達成していると言えましょう。

つまり、経済が成長を続けていても廃棄物発生量の増加を抑制する効果がCEにはあるということです。しかし、廃棄物の発生量が緩和されても、少しながら増え続けている場合、それは「相対的なデカップリング」と呼ばれます。他方、経済成長しているのに廃棄物の発生量が減少し続けている場合、それは「絶対的なデカップリング」と呼びます[12]。

このように考えた場合、先に示したEUにおける廃棄物の発生量に関わるデカップリングは、絶対的なデカップリングと言えます。

第一次行動計画では、デカップリングについての定義は示されていませんが、序文におけるそれに関わる記述から、次のような「相対的なデカップリング」が想定されたものと考えます。

「製品、資源を可能な限り長く維持して、価値を最大化することは、廃棄物を最小化し、エネルギー消費も節約することで、地球の再生能力を超える資源消費を、経済成長と比べ遅らせることで、引き起こされる環境へのダメージを回避できる」(第一次CE行動計画の序文の趣旨に準じ、複数箇所を編集し、筆者が作成)

第二次行動計画では、こうしたデカップリングに関わる野心は一層高くなります。そして、EUのCE政策が目指すデカップリングは、「絶対的なデカップリング」へと高められたものと考えられます。第二次行動計画は、次の通り述べています。

「経済は気候中立を目指し、惑星の限界内にとどまるべきである。しかし、この行動計画が示している通り、現在、我々は、地球温暖化と過剰消費を未だ続けている」

これを受けて、第二次行動計画ではCEの定義に絡めて、デカップリングの目標を次の通り定めています。

「地球から採取する以上に、地球に還元し、地球環境を再生させながら成長する経済モデル」

この記述から、第二次行動計画においては、CEのデカップリングについて、経済成長と比較して、相対的に資源の消費量を減らすデカップリング(相対的なデカップリング)から、経済成長と資源消費を切り離すことを超えて、地球に環境再生の還元をするデカップリング（絶対的なデカップリング）へと格上げしたと読み取ることができます。

先述の通り、ＥＵの二〇一八年の報告書は、経済成長と廃棄物の発生量をデカップリングしたことに成功したと述べていますが、このデカップリングは、廃棄物発生量に限定されたデカップリングであり、資源消費量やＧＨＧをカバーするものではありません。

では、第二次行動計画において示された、産業、地域に関わる具体的なアクションは、どの程度、「絶対的なデカップリング」を反映したものとなったのでしょうか。

この点について、カリスト・フリアントらの研究によれば、ＥＵの絶対的なデカップリングに相当するアクションはほとんど見当たらず、控えめなデカップリングに関わる記述があるのみとしています。

例えば、「充電器の購入を新しいデバイスの購入からデカップリングする」とか、「経済成長から廃棄物の発生量」をデカップリングする、使用する製品の修理環境を変えるなど、すでに一定程度、達成できていることをなぞっているようなアクションの提案しかなされていないと指摘しています。

このように、具体的なアクションでは、絶対的なデカップリングを実現させるほどの根本的な変更を要求する提案は示されていません。

ただし一方で、絶対的なデカップリングを実現させる期限については触れていないため、期限を限らないスローガンであるというのであれば、必ずしも言行不一致との批判は当たらないかもしれません。

しかし、いずれにせよ、このようなよりハイグレードなデカップリングを実現させるのは並大抵なことではありません。さらに言えば、第二次行動計画に示されたデカップリングでは、経済成長を資源消費と切り離すことを超えて、地球環境の再生にも還元する、いわば「修復的なデカップリング」にまで言及しています。これは、ある意味、天然資源がなくても、循環資源だけで経済活動をうまくやっていく目標に向かっていくかのようなレベルです。それは絶対的なデカップリングをも超越した「一次資源完全不要のデカップリング」を目指しているとも見ることができましょう。

ＥＵは本当にこのようなハイレベルのデカップリングをＣＥによって実現できるのでしょうか。こうした将来に関わる議論は難しいものであり、実現不可能とは言いきれません。したがって、ＥＵの目標設定に反論するのは難しいものと思います。物質とエネルギーの循環ループを閉じるシステムが完成すれば、資源利用を大幅に削減できるため、循環する物質とエネルギーの経済的価値が高まり、外部の天然資源とエネルギー源の採取と使用による環境負荷を経済活動と切り離すことができる可能性があります。

仮に理論的に可能であったとしても、このような野心的かつ理想的なデカップリングを、実社会で実現するには、飛躍的な成果を成し遂げる、これまでとはちがうレベルのアプローチを採用したアクションの実行が必須となるでしょう。

しかしながら、第二次行動計画の具体的なアクションには、前例がない革命を要求するような中身は見当たりません。したがって、現段階におけるＥＵのＣＥ政策は、これまでのところ概念規定と言説が先行し、それらを実現させるだけの社会変革を起こすアクションは設定されていないと見るべきでしょう。

言い換えれば、第二次行動計画での基本的な概念規定とアクションの間のギャップは拡大しており、概念規定・言説とアクションの整合性・構造化は、第一次行動計画よりも不完全なものとなったとするカリスト・フリアントらの指摘は的確と考えられます。

ＥＵ政府は、個別国家を超越した政策のプラットフォームを有しているため、環境分野で先進的な政策立案ができると言われますが、実際のアクションレベルの決定では、政策を実行する加盟国政府からの圧力や制約を受けるものと思います。今後、ＥＵがこのような目的と手段に関わるギャップを、いかに是正していくのか、注視していきたいと思います。

3 「消費者に力を与える」政策の可能性

ＣＥ政策が重視する製品寿命の長期化とリユースを推進するには、消費者が製品またはサービスを購入する際、これらに関わる情報が、適切に消費者に伝わることが重要です。また、現代の過剰な資源消費の原因には、企業の戦略的な製品の陳腐化など、消費者が捨てなくてもよい製品を捨てるように追い込まれる状況もあるものとＥＵは見ています。こうした問題の解決のひとつとして、持続可能な消費を推進する政策として打ち出されたのが、「消費者に力を与える」政策です。

二〇二一年の欧州委員会の消費者調査[13]によれば、ＥＵの消費者の五六％が、商品やサービスの環境への影響に注意を払っていると回答しています。また、消費者のおよそ三分の二は、価格が高くても環境により良い製品を購入すると答えています。製品やサービスにおける環境に関わる宣言・訴求については、六一％の消費者が信頼できると考えています。

欧州委員会が行ったほかの消費者行動調査の研究レポート(14)においても、消費者に製品の耐久性と修理可能性に関する情報を提供することが、より持続可能な製品を選択するのに高い効果があるとの結果が示されています。しかしながら、このレポートでは、消費者がその手がかりとする情報を見つけるのは困難との結論も示されているのです。

そこで欧州議会では、CEに関わる行動計画の実施と先述の調査結果を受けて、二〇二一年二月の決議で、製品の耐久性や修理可能性の統一された指標・表記の導入、製品の使用メーターの導入、およびグリーンウォッシング対策の実施を求めました。

また、「修理する権利」に関して、消費者がCEに対し、より積極的な役割を果たせるようにするため、製品の修理可能性に関する情報の提供について改善する施策の実施を求める決議を、二〇二二年四月に行っています。これらの決議を経て、欧州議会は、欧州委員会に対し、修理スコア、推定寿命、修理部品、修理サービス、およびソフトウェアの更新が利用可能である期間に関わる情報を消費者に提供することを義務化する法案の策定を求めました。

これに対応して欧州委員会は、消費者の権利に関わる指令の改正において、消費者に製品の修理マニュアル、修理部品、修理オーダーの手順などをベースに定めた「修理スコア」の導入を提案しました。

そしてこれらの政策課題を受けて、二〇二二年三月、不公正な慣行に対する消費者へのより良い保護とより良い情報の提供を通じて、「消費者をグリーントランジションに向かうための力を与える法案」、通称「消費者に力を与える指令」の法案を発表しました。(15)

この法案は、気候中立社会への移行において、消費者が積極的な役割を果たすために、情報に基づいた選択を行う消費者の権利を強化することが基本目的です。さらに、この考えに基づき、消費者に製品の持続可能性、とくに耐久性と修理可能性に関する情報を購入時に提供すること、虚偽で誤解を招く製品やサービスに関わる環境面の訴求(グリーンウォッシング)や製品の早期陳腐化を禁止することを目的とする規制の導入を目指しています。

これまでの経済社会は産業主導の商業的活動により消費者はある程度踊らされて、十分には必要のないものを購入し、捨てなくてもよいものを捨てるように追い込まれ、その結果、増やしたくないゴミが増え、常に新しいものを買い求めて、必要以上の出費をするようになりました。

こうした経済社会のベースを産業から消費者・市民へと移行させることで、商業主義の論理に巻き込まれにくくなり、消費者は、環境保全を含む、エシカルな考えに立ち、持続可能な消費行動を取ることがより容易となる可能性が高まります。

すなわち、「消費者に力を与える」政策は、商業的なものの購入圧力に対する消費者の心的耐性を高め、持続可能な消費のポテンシャルを引き上げる政策であると見ることができます。

4 エコデザイン指令の抜本改正が目指すもの

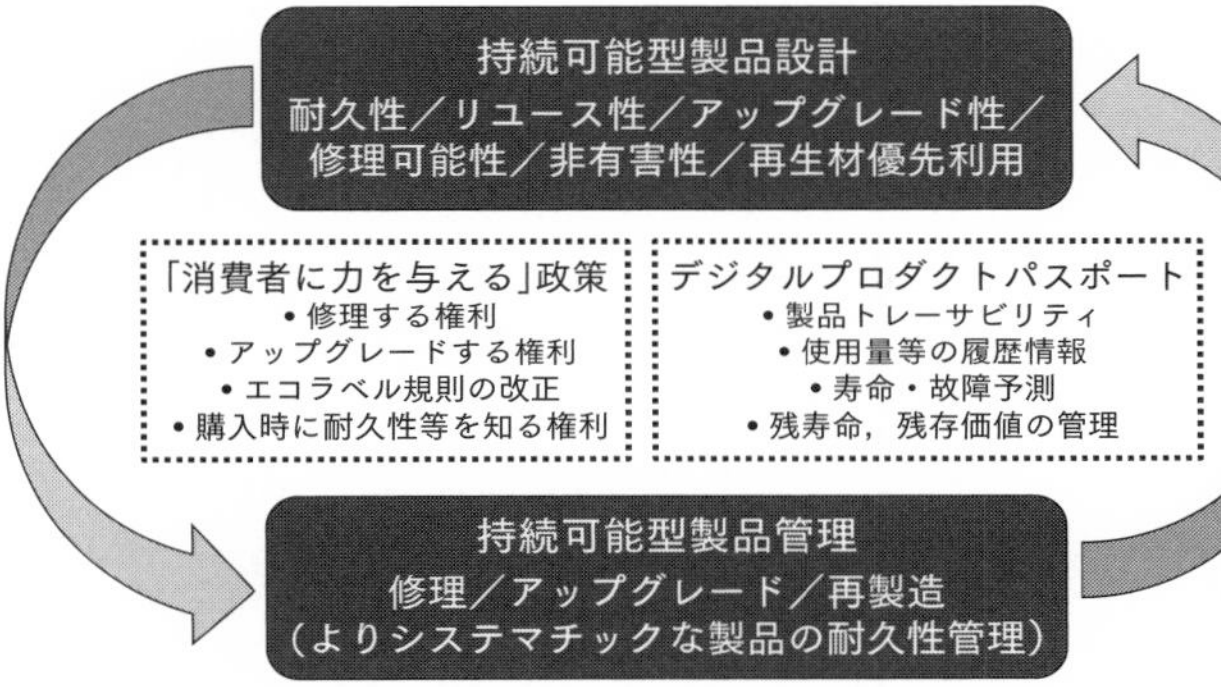

図 5-1　第二次 CE 行動計画における持続可能な製品政策の基本概念

筆者作成.

第二節で先述したように、ＥＵのＣＥ行動計画では、目的と手段が相互に不釣り合いである一面が明らかになりました。しかし、ＥＵは必ずしも手をこまねいているわけではなさそうです。実際、ＥＵはＣＥ行動計画に基づいて、これまで多くの法令の制定・改正に関わる作業を行っています。

これらの法整備のなかでもとくにＥＵが目玉にしているのが、「電池規則」と「エコデザイン規則」の抜本改正です。この二つの法令については、どちらもすでに法案が公表されています。そして両方の法律がベースにするのは、第二次行動計画で重点政策とした「持続可能な製品政策」の枠組みです。

「持続可能な製品政策」は、概ね次のように理解できます(図5-1参照)。

新たに製造される製品については、これまで以上に長寿命化とメンテナンス・修理・アップグレードのしやすさを含めたところのリユース性が重視されます。

また、これらの製品が使用段階において、それらの製品特性が十分生かせるように、持続可能型製品を管理するシステムを構築することを合わせて重視します。

この持続可能型製品管理には、製品の修理、アップグレード、再製造等が、「システマチックな製品の耐久性管理」として行き渡るようにするための製品保証システムや修理部品の確保が含まれます。さらに、先述した「消費者に力を与える」政策を導入し、故障した製品を捨てないで「修理できる権利」を消費者に付与するとしており、これに関連する法整備を進める提案が含まれています。また、製品およびサービスを購入する時点において、上記に関わる製品の環境側面を見える化すべく、「エコラベル規則」や「公共調達指令」の購入基準の改定も行うとしています。

持続可能な製品政策は、リニア経済において外部経済に依存していた使用済み製品の処理を、ビジネスのバリューチェーン内部に統合させた「CE型ビジネスモデル」の開発と推進を産業界に求める政策方針を強める動きであると理解できます。

そして、この政策のコアにあるのが、エコデザイン規則の新しい法案です。

エコデザイン規則の法案[16]は、二〇二二年三月に公表されました。

公表された法案は、現行のエコデザイン指令の改正案として、「持続可能な製品のエコデザイン規則」と名付けられました。

二〇〇五年の施行当初、この法律は「エネルギー使用製品指令」として公布され、その後、二〇〇九年に大幅改正されて「エコデザイン指令」となりました。今回は、さらなる抜本改正の方針のもと、法律の名称も「持続可能な製品のエコデザイン規則」と変更されました。法律の名称は「エコデザイン規則」であっても、製品設計に留まることなく、製品の全ライフサイクルを管理する仕組みも法の対象範囲となります。

また、適用される製品は、食品、飼料、医療製品を除く、ほぼすべての製品が網羅される見込みであり、これも現行法と比べ大幅に拡大される見通しです。

欧州委員会は今後、同法を根拠に、製品グループ別に委任法(概ね欧州委の裁量に基づき制定されるEU法)を策定して、法を実施することから、本法令は、エコデザインに関わる「枠組み法」として位置づけられます。

この法律の施行で重要な課題となるのは、原料調達から生産―使用―使用済み―再生の全バリューチェーンに渡るライフサイクル管理です。エコデザイン規則はこうしたライフサイクル管理を実現する目的のために、デジタル技術を用いて、製品、コンポーネント、および材料の移動を追跡し、それらに関するデータを確実にアクセス可能にすることを求めることになりそうです。そして、それに対応する基本データを総称して「デジタルプロダクトパスポート」(DPP)と呼び、エコデザイン規則の法案には、これに関する複数の条項が記載されています。

DPPには、デューデリジェンス、製造元、使用材料、リサイクル性、解体方法等の情報が登録されるよう義務付けられ、製品のライフサイクルに沿ったトレーサビリティを確保することが求められます。このようにDPPは、EUにおける製品の戸籍とも言える概念であり、デジタルとCEを結ぶ重要な基礎データと言えます。

しかしながら、DPPの実施・運用には、それに関わる公的機関(基本データベースの開発、保守、監査等）と民間企業（データ登録、適合宣言、認証取得等）の両方に人的・経済的な負荷がかかる可能性があります。場合によっては、これらが経済活動の効率を低下させる可能性があるため、欧州の一部の産業セクターからは、DPPにかかるコストが事業の経済性を悪化させる懸念があるとして、実施には慎重な検討が必要との意見書をEU当局に提出する業界団体の動きもあります。

一方でこのような課題の克服には、負荷の軽減だけに注目するのではなく、企業がビジネスモデルを変革することによって、逆手にとってDPPを積極的に活用することもまた重要であるとの見解もあります。つまり、ビジネスモデルを売切りからシェアリング、サブスクリプションなどに転換することで、DPPがビジネスとCEの両方に実用性と付加価値を生むツールとして利用できる可能性を見出すことができるのではないかという指摘です。

DPPが最初に導入する製品グループには、目下、法制化が進められている新電池規則(17)のもと規制される電気自動車用のリチウムイオン電池があります。これらは自動車に使用された後、他の目的（例えば、ソーラーパネルとの組み合わせで使用される蓄電池等）にリユース可能であれば、リサイクルではなくリユースすることが義務付けられる見込みです。このような場合、当該の電池に関わる使用履歴の管理は、リユースビジネスにとって必須かつ有益な情報となります。またリユースは同時に、資源消費、GHG排出量および製品調達コストの削減にも貢献し得ます。

全ライフサイクルを継続的に管理していく責任を、デジタル技術を用いて実施していく規定を定めようとしているエコデザイン規則法案は、明らかに新次元の法令であり、EUのCE政策に向けた野心の実現に関わるチャレンジと見てよいでしょう。

しかし、このような個別製品の使用履歴をとらえ、リユース・修理・セカンドライフ等を含む、資源循環ループを閉じるべきとするCE政策の要請が、これまでの資本主義と自由経済を基盤としてきた我々の社会・経済・生活に与える摩擦とインパクトは決して小さいものではないでしょう。なぜなら、これらの要請は、従来式の売切り・個人所有の経済を制限する可能性があるからです。

このようなCEを実現する方法を実行する権限がどこにあり、どのような方法でそれを成し遂げようとしているかが、十分に見えないまま政策が進められている感が否めません。そこには、近代国家における民主主義との対立のリスクが潜んでいるように思えます。

持続可能なCEへの移行を成功させるには、新しい技術やビジネスモデルの開発に依存するだけでなく、人々が支持するガバナンス体制にも依存します。したがって、そうした移行が実現するには、制度改革を民主的なプロセスで進め、なおかつ人々の積極的な参加を得なければなりません。そのためには、ガバナンスと技術的イノベーションのプロセスを再構築する必要があり、その意味でEUにおけるこうしたチャレンジが成功するかどうかは、現時点で未知数と言えるのではないでしょうか。そうした意味で、このような社会・経済のトランジションは、ハードローよりもソフトローの視点に基づく改革が、より重要であると言えるかもしれません。次に述べるドイツの例は、規格というツールを中心に、ハードローより社会的合意に基づく規格、つまり、ソフトローをベースにしながらも、CEを最大限推進させようとするアプローチを目指しているかのように思えます。

5 ドイツにおけるＣＥに関わる国内規格の取り組み

国際標準化機構（ＩＳＯ）は、二〇一八年六月、フランス規格協会からのＣＥ規格に関わる提案を受け、ＣＥに関する専門委員会 ISO/TC323 を発足させました。日本もこの専門委員会に参加しています。

国際レベルの規格化作業が進められる一方で、ＥＵの製造業大国であるドイツの規格協会は、二〇二一年夏、ＩＳＯとは別に、ドイツ独自のＣＥ国内規格を策定すると発表しました。同時にドイツ政府は、「ＣＥに向けたロードマップ」[18]を公表しましたが、そこにはドイツのデジタル戦略である Industry 4.0 をベースに、ＣＥへと移行する道筋が描かれています。

先述した通り、ＣＥでは製品が廃棄物になったのちの資源循環であるリサイクルより、製品を長期に使い続けるビジネスモデルの実施を重視します。そのようなやり方は、製品を売切るよりも、シェア、サブスクリプションなどの形態に基づき、事業者側が製品を保有・管理し続ける、いわゆる Product-as-a-Service（PaaS：製品機能をサービスを通じて提供するタイプのビジネス）に基づくビジネスモデルの方が、製品のライフサイクルを長期にわたりより確実に管理できるため、ＣＥ原則に沿った製品管理を維持できると考えられています。

このようなビジネスの実施においては、AI/IoT 等のデジタル技術が有効であるとかねてから指摘されてきました。そのような背景もあり、ドイツのＣＥへのロードマップでは、ＣＥを、産業のデジタル化を目指すIndustry 4.0と統合する方向で推し進めることがかなり明確な形で打ち出されました。

そこにおけるデジタル化とCEの統合化プロセスについては、概ね次の三ステップが示唆されます。

① 売切りビジネス等を機能提供型のデジタルビジネスモデルへと転換させる。

② デジタルビジネスを(経済的に持続可能な形で)成功させる。

③ ビジネスのデジタル化がうまくいったら、CEの取り組みを導入する。

このような考えは、かなり合理的に見えます。その理由は次のようです。

①売切りビジネスの製品・材料を、CE目的でデジタル化しようとすれば、デジタル化のための経済的な追加コストが生じる可能性が高い。一方、ビジネスそのもののデジタル化は、ビジネス本体の事業目的を達成するための有効な投資となり得る。いったんデジタル化されれば、CE目的に利用できるさまざまなデータが自動的に収集・管理・分析できるデジタル環境が整う可能性があり、CEに関わるデジタルベースの活動(故障予知による製品回収、修理やリユースのための再製造、再出荷等)が追加負担を少なくして導入できる条件が整うことが期待できること。

②売切りから、デジタル技術を用いて、サブスクリプションやシェアリングに転換することは、よりグリーンなビジネスへの転換と考えられがちだが、実際のところ、製品を売切る従来型ビジネスと比べて、資源効率が必ずしも向上するとは限らないこと[19]。

このような理由で、ドイツのCEロードマップは「ビジネスモデルのデジタル化」と「CE」とを区別して扱っています。つまり、ビジネスをデジタル化しても資源効率では逆効果が認められる場合には、それを解決して、さらによりよい資源効率へと高める役割をそのあとのCEの導入に求めており、そうしたCEの機能を担うツールを「CEレバー」と名付けています。

「CEレバー」とは、ビジネスにおいて使用される設備・製品を廃棄物に到らしめない修理、再製造、リファアービッシュ等を行うこと、さらには、CEレバーが目指す効果をよりよく発現できる(修理・リユースしやすい)設備・製品へと設計変更するなど、CE原則に沿ったさまざまな取り組みを包括する概念として定義されます。このCEレバーによって、ドイツ全体で排出されるCO_2排出量を、二〇一八年から二〇三〇年にかけて約三・八億トン削減できるとの試算も示しています。

さらに今後、ドイツ政府は、二〇二三年一月を目途に、「CEの規格化に向けたガイド」を取りまとめるとの計画も発表しました。同ガイドの策定作業は、ドイツ規格協会などが中心となって行い、CEの規格化に向けた要件と課題を抽出し、CE規格化に関わるガイドとして取りまとめるとしています。

七つの主要トピックに対応する各ワーキンググループが設置され、定期的に開催されるワークショップで策定作業が進められており、文書作成には、産業界、学界、政府機関、市民団体からの代表者を含む、一〇〇〇人を超える専門家が参加し、二〇二三年の初頭を目途に公表に漕ぎつけたいとしています。

このように、ドイツは、経済と環境を融合するCEがビジネスの戦略上、有効であるとする視座に基づき、能力の高い製造業を有するドイツの地位を今後とも継続させるために必要な、具体的な取り組みを進めています。

6　循環性とライフサイクルアセスメントとの関係

ライフサイクルアセスメント（以下、ＬＣＡ）とは、原材料の抽出から最終的な廃棄または、リユース、リサイクルに至るまで、製品またはプロセスの環境側面と潜在的な環境影響を包括的に測定・評価する科学的ツールです。

こうした「ゆりかごから墓場までのアプローチ」は、製品システムまたはプロセスに関連するすべてのデータを取りまとめ、関連するインプットとアウトプットに関わるライフサイクル全体の環境負荷を分析して、環境と製品・プロセスの相互作用を全体的に評価することを目指すものです。

このようなＬＣＡでは、ＧＨＧの排出量だけでなく、使用される資源、人間の健康に対するリスク、および生態系へのダメージ等、さまざまな環境影響が総合的に評価されます。

これまでのリニア経済は、原材料の抽出に始まり、生産した商材が顧客の手に渡り、使用されて最終的に廃棄するモデルに基づいています。リニア経済では、十分な環境配慮がなされないまま、大量の天然資源が生産システムに投入されることが多く、将来における資源枯渇のリスクを免れません。

これに対して、ＣＥが提案する資源循環型のアプローチは、このようなリスクを緩和するのが目的ですが、ＣＥの環境パフォーマンスを評価する定量的尺度はまだ完成されておらず、ＣＥの発展を遅らせている理由のひとつになっていると考えます。

また、多くの資源循環に関わるＬＣＡの評価が、製品の使用済み段階からの製品・材料の回復・再生に焦点を当てたものが多く、それらによれば、地球温暖化に関わるリスクにおいて、資源循環は、一次資源利用との比較から、必ずしもよりよい選択肢になるとは限りません。このことから、CEを社会に実装させるには、物質循環性とGHG以外の環境パフォーマンスも併せて評価する必要があります。

こうした背景から、物質循環と包括的な環境影響の両方に考慮した最適なソリューションの選択に関わる不確実な問題に対処するLCA手法への期待が高まっています。

他方、CEは、環境影響を低減させるだけでなく、社会と経済に対する付加価値を生産することも目的としていることを忘れてはなりません。環境負荷の低減効果と経済価値の生産を最大化するには、CEの基本原則とLCAを組み合わせて、利用可能なCEの手段を比較し、適切な選択をとれるようにするための、全体的なアプローチを開発する必要があります。

このような全体的なアプローチでは、ときに、循環モデルの限界が認識される可能性があります。CEには長所と同時に短所もあり、ケースによっては、他のより優れた代替案を採用するのが適切である場合もありましょう。このような判断には、継続的に目標を設定・変更し、実際のシナリオで循環性を改善することを目指していく取り組みが必要になります。したがって、CEとLCAを組み合わせることで、環境と社会の両方に対するメリットを最大化し得るビジネスを動員できる可能性があります。

現在、CEに関わるインデックスとLCAの統合を試みたソフトウェアが開発されつつあります。こうしたソフトウェアには、特定のシナリオに最適なCE戦略の提案を行うツールが搭載されているものもあります。このようなソフトウェアの開発と改善がさらに進むことで、ＣＥとＬＣＡの統合は、一層発展していく可能性があるものと思います。

しかしこのような科学的なツールの発展はもちろん非常に重要ですが、一方で、経済活動の持続可能性を評価する視点においては、現実世界に対するより広い視野をもち、生態学的な持続可能性にも注意を払う必要があることを忘れてはなりません。

気候変動については、人間の経済活動に由来するＧＨＧのほかにも要因を想定できますが、生物多様性の危機、および種の絶滅に関しては、経済活動に由来する要因が多くを占めており、ＣＥはそれらの問題解決に有効な手立てとなる可能性があります。したがって、ＣＥへの転換は、生態系の持続可能性に対して重要なソリューションを提供する可能性が高いものと考えます。

日本における産業の環境対策は、ＧＨＧ重視で生態系保全全般への配慮が足りていないと考えられるケースが多く、問題解決も、技術による対症療法に救いを求める傾向が強いように思えます。

しかし、持続可能性とは、深い社会倫理的な意味をもつ哲学的または政治的な概念であると捉えるべきものであり、他のさまざまな領域と交差する概念でもあります。それはまた、人が自然とどのような関係をもつべきかという基本的な問題へとつながるものです。したがって、ＣＥに基づく取り組みは、これらの関係を再考する機会を提供するものであり、それはときに、ＬＣＡや資源の循環性そのものを超えた取り組みとなりえ、またそうすべきであると考えます。

7　今後の展望

人類の経済活動は、はるか昔から行われてきたわけですが、ＧＤＰベースの経済成長が現代ほどに重視されるようになったのは、長い人類の歴史から見れば、比較的まだ最近のことです。しかし、近年における過度の経済成長重視の考え方は、その信頼性を失い始めているように見えます。

かつては、経済成長が所得の増加とともに分配における平等にもつながると信じられていた時期もありますが、近年では欧米でも日本でも、貧富の差を拡大させる傾向にあります。

このような状況において、地球がいまや天然資源の消費量を吸収できないとするならば、これまでのリニア経済による経済成長は、生活環境、公共の福祉、ウェルビーイングなどの向上に寄与しないことが予見されます。そうした時代の経済活動のあり方に対して、人類の新たな豊かさと生活の質を維持・改善する方法のひとつとして、ＣＥが貢献する可能性は十分あると言えるのではないでしょうか。

日本における戦後の経済発展を振り返ると、第二次世界大戦の荒廃のなかから急速に工業が発展し、「世界の工場」とも呼ばれる存在になりました。そこでの牽引役は、造船、家電、自動車などの製造業でした。しかし、世界の工場の役割は、次第に中国をはじめとする新興国へと移り、日本の第二次産業の就業者の割合は年々減少する一方で、第三次産業は全体の七割近くを占めるほどに増えています。ところが、過去の成功体験は、日本の政治・社会に深く刻み込まれており、いまだ製造業中心の産業政策から十分に抜け出していないかのように見えます。

CEが目指すのは、先述したデカップリングに関わる目標設定からもわかるように、資源消費に依存しない経済への転換、すなわち、非物質化へと向いています。このような流れを、日本の製造業の関係者には、前向きに議論したくないとする向きも少なからず見受けますが、CEにおいてもものづくりは、重要な産業の営みであることに変わりありません。しかしながら、これまでのやり方は通用しにくくなり、新しいやり方が求められます。発想とビジネス観の転換が必要なのです。そうであれば、いかにして、これらに対し前向きかつ迅速に対応するかが重要です。

これからの時代、地球環境問題との関係から、天然資源の一部は、調達が困難となり、調達コストも長期にわたり値上がりしていく傾向が続くのは、十分推察可能でありましょう。そうした資源制約の現実に加え、成長著しいデジタル技術の発展は、これまでのサービス業とはちがう、高度に装置化されたビジネスモデルを生み出し、それにともなってCEへの移行が進む可能性があることは、本章で紹介したドイツの動きを見ても明らかでありましょう。いま議論されているサービス化のトレンドは、従来のサービス産業のイメージとはまったく異なる次元のトランスフォーメーションのなかで進んでいくことを認識しなければなりません。

ビジネスの主戦場もそちらへと移り、それに関わるビジネスモデルと技術革新に乗り遅れた国、産業、企業は、存続の危機にさえ直面するのは想像に難くありません。CEに基づくビジネスモデルの転換と実施は、これからのグローバルな競争の中心的なテーマのひとつとなるにちがいありません。

資源や製品に縛られない新しいビジネスモデルの成長は、そうではない従来型のビジネスに比べ、はるかに軽やかかつ急速に成長することは、ＧＡＦＡなどの例をみても、その差は一目瞭然です。

先述した通り、ＣＥが何をどのように達成すべきかについては、いまださまざまな論争があります。そうした議論では、ＣＥを普遍的な概念として扱うのではなく、特定の環境、状況において定められた目的・課題に応じて、ＣＥのバージョン、手段をさまざまに変更して取り組むことが適切ではないかと考えます。

上述の論点を踏まえ、改めて、ＥＵにおけるＣＥに関わる一連の取り組みに目を転ずると、単に資源の循環性を高めることだけを目標としているのではないと感じます。無論、ＣＥと資源の循環性は密接に関係しますが、それらは完全な表裏一体をなしてはいません。ＥＵにおけるＣＥの真の目的はむしろ、循環性の向上より、産業および製品の持続可能性の向上を通じて、人や街や地域を動かし働かせ、地域での雇用の創出と維持をはかり、経済のレジリエンスを高めるところにあると見るべきではないかと思います。

さらに言えば、それらを通じて、人々の生活の質やウェルビーイングを高め、結果として、地域の自然、地球規模の生態系に回復と再生の恩返しをするための取り組みへと発展させていくことが、これからのＣＥに求められる方向ではないかと考えます。

換言すれば、地域特性やそこに関わるステークホルダーが異なれば、ＣＥが対象とする課題も異なるため、目標を実現するために選択する道筋・プロセスもさまざまに分岐するものです。そのどれを選択するかは、当該のＣＥに関わるプロジェクト・事業に関わる人たちが決めればよいのであって、それぞれの状況に応じてＣＥの定義、目標も異なってしかるべきです。

必然的に、CEに関わる取り組みとビジネスのアイディアも千差万別であり、個々のケースに対して、CEの視点に基づく批判は起こるでしょう。しかし、そうした批判は個別ケースのディテールに向けるよりむしろ、根本的な持続可能性に関わる洞察の視点から、批判・評価を行うべきでありましょう。

このように、持続可能なCEへの道程は、資源循環のパフォーマンスを追及するための技術的および科学的なアプローチに終始するのではなく、理念を含む、社会科学的および哲学的なアプローチも伴わせていく必要があります。なぜならば、我々が目指す持続可能な社会が何であるか、我々自身が自らに問いかけるべきものと思うからです。

本章で紹介した、日本と似た立場にある製造大国ドイツの例は、CEへの移行を進める機軸を見出して、独自のCE規格を打ち出すために、関係セクターが共同で作業を積極的に進めています。日本もそのような取り組みを参考にしつつ、独自のCEに関わる、より明確な基軸を探索し、見定めていく必要があるのではないでしょうか。

その先に、我が国の資源管理に関わる自律性と強靱性を実現させるルール、投資、技術のイノベーションが、より円滑に推進されるようになり、資源のガバナンスに基づく持続可能型社会の実現が、より鮮明な視野でとらえられるようになるのではないかと思います。

参考文献

（1）WWF, Living Planet Report, October 2010.

(2) Ellen MacArthur Foundation, Material Economics, Completing the picture: How the circular economy tackles climate change 2019.
(3) Kirchherr, J., Reike, D., Hekkert, M. 2017, "Conceptualizing the circular economy: an analysis of 114 definitions", *Resources Conservation and Recycling*, Vol. 127.
(4) Eurostat, Circular economy – Overview of Circular economy.
(5) European Commission, Closing the loop: Commission adopts ambitious new Circular Economy, Package to boost competitiveness, create jobs and generate sustainable growth, Brussels, 2 December 2015.
(6) European Commission, A new Circular Economy Action Plan For a cleaner and more competitive Europe, Brussels, 11 March 2020.
(7) European Commission, Report on the Implementation of the Circular Economy Action Plan, 4. 3. 2019 COM (2019) 190 final.
(8) Kovacic, Zora, Roger Strand, and Thomas Völker 2019, *The Circular Economy in Europe: Critical Perspectives on Policies and Imaginaries*, Thames: Routledge.
(9) Calisto Friant, Martin, Walter J. V. Vermeulen, and Roberta Salomone 2020, "A Typology of Circular Economy Discourses: Navigating the Diverse Visions of a Contested Paradigm", *Resources Conservation and Recycling*, Vol. 161.
(10) Calisto Friant, Martin, Walter J. V. Vermeulen, and Roberta Salomone. 2021, "Analysing European Union Circular Economy Policies: Words versus Actions", Sustainable Production and Consumption, Vol. 27.
(11) Report on a Monitoring Framework for the Circular Economy Strasbourg, 16. 1. 2018 COM (2018) 29 final.
(12) Measuring Progress towards Circular Economy in the European Union – Key Indicators for a Monitoring Framework, Strasbourg, 16. 1. 2018 SWD (2018) 17 final.
(13) European Commission, Consumer Conditions Survey 2021.
(14) European Commission, Behavioural study on advertising and marketing practices in social media, Oct. 2018.
(15) Proposal for a Directive of the European Parliament and of the Council amending Directives 2005/29/EC and 2011/83/EU as regards empowering consumers for the green transition through better protection against unfair prac-

ties and better information COM 2022/143 final.

(16) Establishing a framework for setting ecodesign requirements for sustainable products and repealing Directive 2009/125/EC Brussels, 30. 3. 2022 COM (2022) 142 final.

(17) Proposal for a Regulation of the European Parliament and of the Council concerning batteries and waste batteries, repealing Directive 2006/66/EC and amending Regulation (EU) No. 2019/1020.

(18) Circular Economy Roadmap for Germany March 2019–May 2021.

(19) Zink and Geyer, "There Is No Such Thing as a Green Product, Stanford Social Innovation Review Spring 2016/ Circular Economy Rebound", Feb. 2017, *Journal of Industrial Ecology*.

6　経済成長の定義・測定の見直し

山下　潤

はじめに

本章で扱う社会の豊かさ(Well-being)は抽象的な概念です。その捉えかたはさまざまであり、またその状態を直感的に捉えることは困難です。そのため、多種多様な視点からみた社会の豊かさの状態を客観的に捉えるためのものさし(尺度)が必要です。このものさしに基づいて、社会の豊かさの状態や変化を数値化することで、より客観的に捉えることができます。例えば経済成長は社会の豊かさの一側面と考えられますが、抽象的であり、経済成長の状態を客観的に捉えることができません。そのため、国連を主体として、後述するＳＮＡ(System of National Accounts：国民経済計算体系)がものさしとして開発され、その一指標であるＧＤＰ(gross domestic product：国内総生産)を用いて、経済成長の状態が貨幣評価されてきました。

このように、社会の豊かさを測るために、尺度づくりや指数づくりは重要であり、開発されたＳＮＡというものさしやＧＤＰという指標は国連によって開発され、現在も多くの国だけでなく、地方自治体でも広く活用されています。その後、国連が提唱するＳＤＧｓでも示された地球環境問題や貧困問題等の解消という視点から、経済成長だけが社会の豊かさを表していないことが国際レベルで認識されるようになり、ＧＤＰに代わる社会の豊かさを表す新たな尺度づくりや指標づくりが今日まで続けられています。本章では、ＧＤＰを含む社会の豊かさの状態を表す尺度や指標について紹介します。

尺度の見直しの機運

抽象的な概念である経済成長の状態を把握する際に、ＳＮＡという尺度とＧＤＰという指標が長らく用いられてきました。したがってＧＤＰは経済成長のバロメーターともいえます。しかし一九八〇年代頃から、フロンガスによるオゾン層の破壊や、温室効果ガスによる地球温暖化といった世界規模での地球環境問題が顕在化することで、経済成長のみの追求では、豊かな社会をつくることができないという認識が世界中に広まりました。このことは、経済と環境の両立をめざす持続可能な発展(sustainable development)へと人々の関心が向かったことを意味します。このようななか、一九九二年に環境と開発に関する国連会議(地球サミット)が開催され、持続可能な発展について議論されました。会議の一つの成果として、持続可能な発展にむけた行動計画としてアジェンダ二一が採択されました。その八章で、後述するＳＥＥＡ(System of Environmental-Economic Accounting：環境経済勘定体系)の構築について言及されました。さらにその四〇章で、経済や環境等の多側面の状態を把握することができる複数の指標で構成される持続可能な発展指標の開発が推奨されてきました。地球サミット以降、ＧＤＰに代わる社会の豊かさを表す新たな尺度づくりや指標づくりが加速されたといえます。

経済指標としてのGDP

二一世紀に入って、社会の豊かさに関する定義や測定方法の見直しがなされつつあります。日本でも二〇一七年六月九日に閣議決定された『経済財政運営と改革の基本方針二〇一七――人材への投資を通じた生産性向上』で、「我が国においても、従来の経済統計を補完し、人々の幸福感・効用など社会の豊かさや生活の質(QOL)を表す指標群(ダッシュボード)の作成に向け検討を行い、政策立案への活用を目指す」(二八頁)ことが示されました。ここで「従来の経済統計」とは、経済指標であるGDPをさすと考えられます。

ノーベル経済学賞を受賞したサイモン・クズネッツが米国議会報告書のために使用して以来、経済成長を測る指標として長らくGDPが活用されてきました。GDPは、経済を総合的に把握する統計であるSNAの一指標で、一定期間内に国内で産み出された付加価値の総額で表され、経済的なストックではなく、経済のフロー面を示す指標です。また原則として市場で取引された財やサービスの生産のみが計上されます。一九六八年に国連統計委員会が、財やサービスの概念やこれらに関する統計の設計等を含むSNAに関する最初の勧告(68SNA)を出して以降、SNAは国際的な統計になりました。その後一九九三年に改定され、現在は二〇〇八年に再改定された2008SNAが使用されています。

GDPはSNAの一指標ですが、ではそもそも指標とは何でしょうか。『デジタル大辞泉』では**指標(indicator)**を、「物事を判断したり評価したりするための目じるしとなるもの」と定義しています。この定義にしたがえば、経済指標とは、経済の状態を判断したり評価するための目じるしであると理

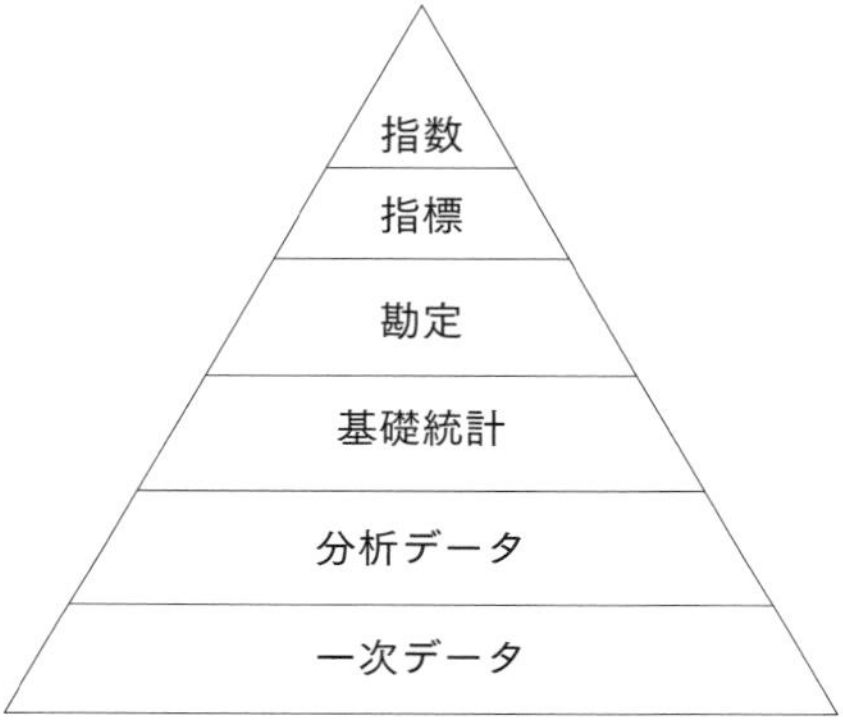

図 6-1　情報ピラミッド

出典：United Nations et al. 2017 と Hammond et al. 1995 をもとに作成.

解できます。

他方、指標とよく似た用語として**指数(index)**があります。これは、「ある特定データ系列の変動の把握、同種の複数データ系列間の変化の比較、あるいは多数の要素から構成される一群の対象の動きを総合的に理解することなどを目的に、ある基準値と容易に比較可能なように作成された統計値」とされています(『日本大百科全書』)。複数のデータや要素で構成されているため、コンポジット指数やコンポジット・インデックスとも称されます。経済の分野では、東京証券取引所プライム市場に上場している株式から日本経済新聞社が二二五銘柄を選定し、算出した日経平均株価(Nikkei225)が著名な指数です。

指標や指数と関連して、SNAの用語である**勘定(account)**があります。勘定は、「簿記上の記録や計算の単位のこと。複式簿記では企業の経済活動を資産、負債、資本、収益、費用の五つの要素に分けてその増減変動を記録するが、これら五つの要素は形態別あるいは原因別に細分化され、それぞれの増減変化が記録計算されることになる」とされています(『日本大百科全書』)。各種の勘定については、のちほどSEEAで詳しく紹介しますが、これまで述べた指標、指数、勘定等の関係を図示しました(図6-1)。この図で、統計をまとめたものが勘定であり、この勘定を用いて指標が算定され、いくつかの指標で指数が構成されることを示しています。

社会の豊かさを測る指標としてGDPは最適か?

経済指標であるGDPの伸び率が経済成長率を表す尺度であると理解され、長らく社会で活用されてきました。しかしこの指標の開発者といえるクズネッツは一九三四年の米国議会報告書で、GDPを福祉(Welfare)の尺度として使用することに対して警鐘を鳴らしていました。すなわち彼は、経済的厚生は、所得の個人的分布がわからない限り、適切に測定することはできないことから、国民の福祉を、(GDPで定義した―筆者)国民所得の測定値からはほとんど推測できないと指摘しました(Kuznets 1934, pp. 6-7)。彼の主張に基づけば、個人所得上の格差の問題をGDPは扱いきれず、国民の福祉や豊かさをGDPでは測定できないと考えられます。

時代を経るにしたがって、格差以外にもGDPで取り扱えない問題が散見されるようになり、社会の豊かさを測る指標としてのGDPの適性にゆらぎが生じました。例えば第二次世界大戦の復興を成し遂げた先進国では一九六〇年代に公害が顕在化しましたが、公害は、汚染物質排出企業の製品を購入する市場取引の参加者以外に影響を及ぼす外部不経済の一つです。しかし原則としてGDPでは、市場で取引された財やサービスの生産のみを計上するため、公害が多くの人々に甚大な健康被害をもたらし、社会的費用といえる医療費が増大することで、社会の豊かさは減じられますが、公害を生み出した企業等での製品の生産が増えれば、結果としてＧＤＰは増えることになり、社会の豊かさの減少とＧＤＰの増大という矛盾した状況が観察されるようになりました。

公害にくわえて、人口増加、資源の枯渇等の影響で経済成長が鈍化することをローマクラブのメドウズら(一九七二)が公表して以降、経済成長のみが社会の豊かさを表さないことが世界的に意識されるようになりました。このような意識の変化は、公害だけでなく、地球温暖化やオゾン層破壊等の地球環境問題を克服し、経済発展と環境保全の両立をめざす持続可能な発展の達成を目的として一九九二年にリオデジャネイロで開催された国連の地球サミットや、貧困や不平の克服や公正かつ包摂的な社会を含む、誰一人取り残さないことをめざした持続可能な発展のための二〇三〇アジェンダを採択した二〇一五年開催の国連サミットでもみられ、世界的な潮流となっていきました。このような状況から、経済指標であるＧＤＰだけで社会の豊かさを測ることへの疑問が投げかけられることになりました。

グーセンスらは、欧州議会へ提出した報告書で、ＧＤＰが社会の豊かさを測る指標としてふさわしくない理由を挙げています(Goossens et al. 2007, pp. 18-19)。①ＧＤＰは、正式な市場価格のある取引のみを対象としているため、非公式経済や地下経済を取り扱えない。②ボランティア活動や家庭内での家事、育児、高齢者や病人の世話などの非市場での家庭内労働は無償であるため、ＧＤＰで取り扱われない。③余暇活動は福祉の増進に貢献するにもかかわらず、余暇活動に要した費用としてＧＤＰから減じられる。④教育や健康への投資は、社会の豊かさへの将来的な投資と考えられるが、ＧＤＰでは投資ではなく、消費として扱われ、GDPから減じられることが多い。先述の公害と関連して、⑤環境汚染に関しては、外部不経済から生じる外部費用が算定されない限り、GDPで扱われない。⑥資源の枯渇に関しては、資源が経済的なストックであるため、経済のフロー面を扱うGDPの対象外である。⑦GDPでは平均所得が重視されていることから、暗黙のうちに貧しい人よりも富裕層の所得に重きをおく傾向にあり、GDPの増加は不平等の拡大へとつながりかねない。⑧犯罪の増加は社会の豊かさを低下させるが、犯罪の増加にともなう警察等への追加投資によってGDPは増加する。GDPが有するこのような問題に対応し、GDPの限界を超えて、社会の豊かさを測る、よりよい指標を開発するために、後述するBeyond GDPと関連する取り組みが展開されたといえます。

1　GDPを超えて

Beyond GDPと関連する取り組み

先述した持続可能な発展を目的とした地球サミット後の二一世紀に入ってから、GDPに代わる社会の豊かさを測る指標の開発が活発化したといえます。その嚆矢となるのが、OECD(経済協力開発機構)が二〇〇四年にパレルモで開催した統計・政策・知識に関する最初の世界フォーラムでした。このフォーラムでの議論を踏まえて、一人あたりのGDPといった従来の経済指標を超えて、すべての国で社会の進歩を測定可能な指標開発の必要性を唱えたイスタンブール宣言が、二〇〇七年に開催された第二回の国際フォーラムで採択されました(OECD 2007)。このようなOECDの活動と並行してEUは、Beyond GDP会議をOECD、WWF、ローマクラブと共催し、この会議の成果を『GDP and Beyond』と題する報告書にまとめました(Commission of the European Communities 2009)。この報告書で、GDPを改善・補完する経済指標だけでなく、環境・社会面での進展ならびに損失も測りうる、広範な情報を提供できる指標群の開発が必要であることが示されました。

このようなBeyond GDP関連のOECDやEUの事業と並行して、五人のノーベル賞受賞者を当時のサルコジ・フランス大統領が招致し、二〇〇八年に組織された経済的効果と社会的進歩の測定に関する委員会(いわゆるスティグリッツ委員会)は、その後の社会の豊かさを測る指標の開発に大きな影響を及ぼしたといえます。翌年に刊行された当委員会の報告書(いわゆるスティグリッツ委員会報告書、Stiglitz et al. 2009)で、本委員会の目的が以下の三点であることが示されています。すなわち、(一)経済的効果と社会的な進歩を表す指標としてのGDPの限界と課題を明らかにすること。(二)社会的な進歩を表す指標を作成するために必要な追加情報を検討すること。(三)GDPの代替指標を用いた社会的な進歩の測定可能性を評価することと、代替指標からえられた統計情報を示すのに適切な方法を議論すること。最終的な成果として、経済的効果と社会的な進歩を表す指標に関して本報告書で一二の勧告が示されました(表6-1)。なお第一~五勧告がGDPの代替指標の経済的効果の側面を、また第六~十勧告が生活の質と、第一一、一二勧告が持続可能性の側面をそれぞれ表しています。ジョバンニーニとロンディネッラは、上記の三分野が、その後の社会の豊かさを測る指標の開発でほぼ踏襲されていることを指摘しています(Giovannini and Rondinella 2018)。このことから、GDPの代替指標作成での本報告書の影響力の強さをうかがい知ることができます。

表 6-1　スティグリッツ委員会報告書で示された指標に関する 12 の勧告

勧告 1	物質的な豊かさは，生産ではなく所得と消費で評価する．
勧告 2	世帯の視点を強調する．
勧告 3	所得と消費を富(Wealth)とともに考える．
勧告 4	所得，消費，富の分配をもっと重視する．
勧告 5	所得対策を非市場活動にも広げる．
勧告 6	生活の質は人々の客観的な条件と能力に依存する．人々の健康，教育，個人的な活動ならびに環境条件の指標を改善するための措置が取られるべきである．とくに、生活満足度を予測することができる社会的つながり，政治的発言権，不安感などに関する信頼性の高い指標を開発し，実施することに大きな努力を払う必要がある．
勧告 7	対象となるすべての次元の生活の質指標は，包括的な方法で不平等を評価する必要がある．
勧告 8	全国民を対象に生活の質の領域間の関連性を把握するための調査を行い，調査結果からえた情報を，各分野の政策立案の際に活用する．
勧告 9	統計局は，生活の質の次元を超えた集計に必要な情報を提供し，さまざまな指数の構築を可能にする必要がある．
勧告 10	客観的および主観的な豊かさの測定は，人々の生活の質に関する重要な情報を提供する．統計局は，人々の生活評価，喜怒哀楽の経験，優先順位を把握するための質問を調査項目に取り入れるべきである．
勧告 11	持続可能性の評価には，ダッシュボード型の指標が必要である．このダッシュボードの特徴は，いくつかの基本的な「ストック」の多様性として解釈される構成要素を含むことにある．持続可能性の貨幣評価の指標がダッシュボードに含まれるが，現状では，基本的に持続可能性の経済的側面に絞るべきである．
勧告 12	持続可能性の環境的側面での評価は，厳選された一連の物理的指標に基づく個別のフォローアップに相当する．とくに，(気候変動や漁業資源の枯渇などの)危険な水準の環境破壊に近づいていることを示す明確な指標が必要である．

出典：Stiglitz et al. 2009(筆者訳).

さらにスティグリッツ委員会報告書で、社会の豊かさを多次元で捉えようとする多次元アプローチが示されました。具体的には、(一)(所得、消費、富で表される)物質的な生活水準、(二)健康、(三)教育、(四)仕事を含む個人的な活動、(五)政治的発言権とガバナンス、(六)社会的つながりと関係、(七)(現在と将来の)環境、(八)経済的および物理的な不安感の八つの次元です。多次元アプローチをとることで、物質的な生活水準の一面を表すGDPは、社会の豊かさを構成する一要素にすぎなくなったといえます。くわえて、同委員会報告書で、社会の豊かさを、GDPのような客観的な指標だけでなく、個人の生活満足度や幸福度といった主観的な指標でも測る必要があることも指摘されていました。この点は、主観的な社会の豊かさ(subjective well-being)に関する従来の研究成果(例えばディエナーとスー:Diener and Suh 1997)が政策・統計指標に反映されたことを意味します。この指摘を踏まえて、主観的な社会の豊かさを測る指標の具体例として、後述する二〇一一年からOECDが展開しているBetter Life イニシアティブで示されたBetter Life Indexや、二〇一三年からEurostat(欧州統計局)が作成・提示しているEU-SILC(The EU Statistics on Income and Living Conditions)の社会の豊かさに関する特別モジュールがあります(山下ら 二〇一七)。

社会の豊かさを測る指標

スティグリッツ委員会の活動と並行して、先述したグーセンスらは、GDPに代わって、社会の豊かさを測る指標を次の四つに分類しました(Goossens et al. 2007)。(一)(貨幣換算された)経済的、社会的、環境的要因を組み込むことでGDPを調整した指標、(二)GDPのグリーン化をめざし、SNAに環境統計を追加した指標、(三)多次元アプローチの視点からGDPに環境や社会の情報を補充した指標、(四)社会の豊かさをより直接的に表すGDPの代替指標、です。次節で、上記の四分類ごとに代表的な指標について紹介します。

2　Beyond GDP後の社会の豊かさを表す指標の開発状況

①GDPの調整指標

GDPの調整指標は、GDPから貨幣換算された経済的、社会的、環境的要因を加除することで、GDPを調整しています。この調整指標は、先述のBeyond GDPと関連した取り組みよりも前に開発された指標を多く含みます。具体的には、GDPに余暇活動と無償の労働から生じた付加価値を加え、環境負荷で減耗した価値を除することで計算される**MEW(Measures of Economic Welfare：経済福祉指標)**や、個人消費に、家庭やボランティアの労働の価値や医療や教育への公共・個人支出等を加え、犯罪や交通事故や環境汚染等による費用を減じることで算出される**ISEW(Index of Sustainable Economic Welfare：持続可能経済福祉指数)**、またISEWを改良したともいえる**GPI(Genuine Progress Indicator：真の進歩指標)**などが含まれます。MEWは一九七二年に、ノードハウスと、のちにノーベル経済学賞を受賞するトービンによって、ISEWは一九八九年にディリーとコブによって、GPIは一九九五年にコブとハルステッドとロウによって提示されました。ここでは、これらの指標と同じ文脈で、カルデナス・ロドリゲスらが提案した**EAMFP(Environmentally adjusted multifactor** productivity：環境調整済多因子生産性）を紹介します（Cárdenas Rodríguez et al. 2018）。

ＥＡＭＦＰで使われている生産性とは何でしょうか。『日本大百科全書』によれば、生産性とは「生産の効率を示す指標」であり、「産出物を生産要素の一つによって割り算して得られた商」と定義され、生産性＝算出／投入で表されます。生産性を表す指標として、日本の循環型社会形成推進計画の進捗度を測る指標の一つである資源生産性がありますが、これは、ＧＤＰを天然資源等投入量で割った値で求められます。このように生産性を定義できますが、生産要素が複数の場合、多因子生産性と称されます。さらに先述したＭＥＷ、ＩＳＥＷ、ＧＰＩと同様に、環境汚染等による費用を減じることで環境の影響を調整したのが、環境調整済多因子生産性で、次の式で表せます。

ＧＤＰ成長率－汚染削減調整項＝労働投入の寄与による成長率＋生産資本投入の寄与による成長率＋自然資本投入の寄与による成長率＋環境調整済多因子生産性

この式の等号以前の二項が汚染調整済経済成長率（いわゆるグリーンＧＤＰ）と称され、「生産」を表わす一方で、等号以降の労働投入、生産資本投入、自然資本投入の三要素が「投入」を表します。したがって等号以前の二項の「生産」を、等号以降で「投入」を表す三要素で割ることで「生産性」を求めることができます。

ＥＡＭＦＰの特徴は、環境負荷である大気汚染の影響を貨幣換算し、ＧＤＰから控除した点と、ＧＤＰでは考慮されなかった、自然資本等を算入した点にあります。具体的には、CO_2やメタン等の大気

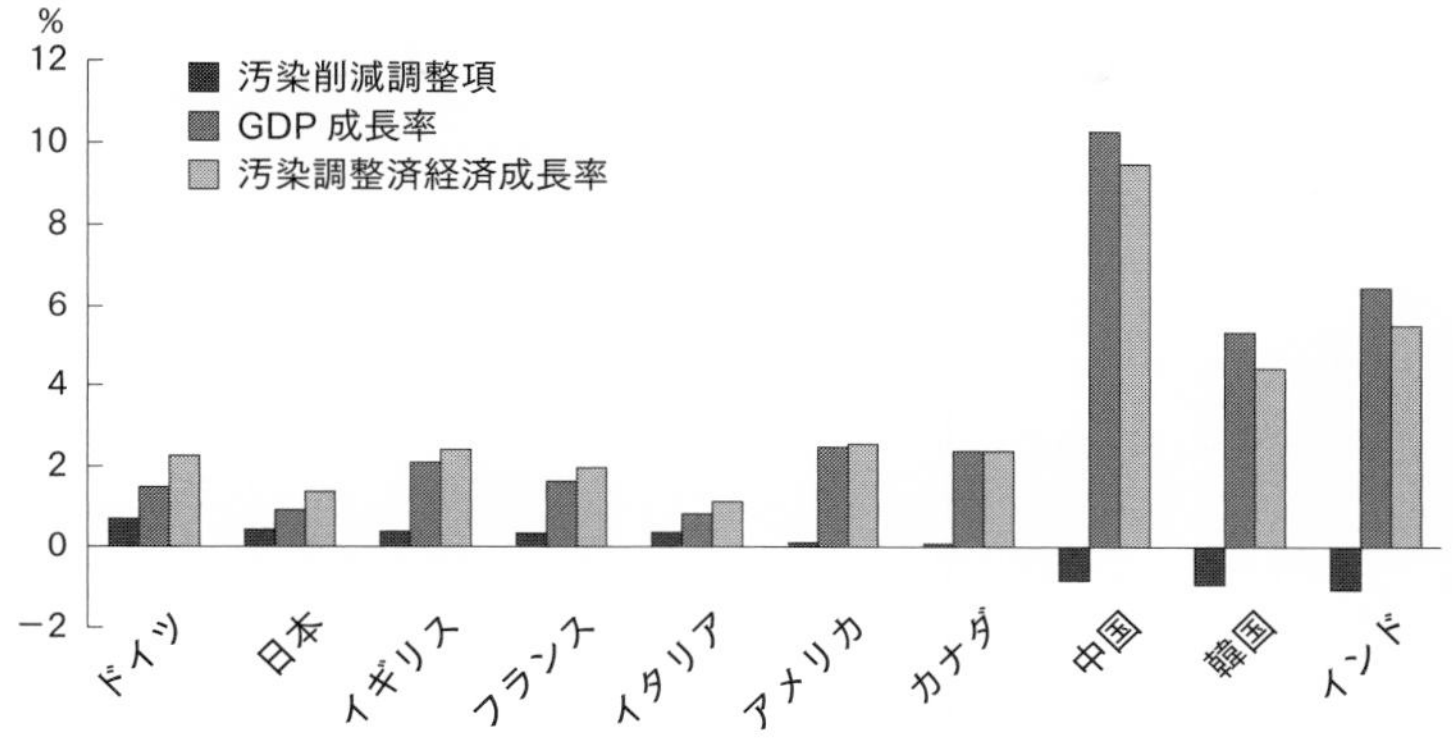

図 6-2　G20 主要国の汚染調整済経済成長率(グリーン GDP)(1991-2012 年平均値)

出典：OECD.Stat のデータをもとに作成.

汚染物質と石炭、天然ガス、石油、鉄、銅等の自然資本の影響が検討されました。これらの大気汚染物質の排出データを、後述するSEEAのガイドラインにそって作成されたOECDの大気排出勘定データベースからえています。図6-2で汚染削減調整項の大きい順に、G7加盟国と主要なG20加盟国の汚染削減調整項、GDP成長率、汚染調整済経済成長率の一九九一〜二〇一二年間の平均値を示しました。汚染削減調整項がマイナスならば環境への負荷が高いことから、GDP成長率から減じられます。この図から、中国、韓国、インドでは汚染削減調整項がマイナスのため、GDP成長率よりも汚染調整済経済成長率の値が低く、逆にG7加盟国、とくに日本や欧州諸国では、地球温暖化対策や大気汚染対策が進んだ結果、汚染削減調整項がプラスのため、GDP成長率よりも汚染調整済経済成長率の値が高くなっています。

日本においてもGDPの調整指標は作成されています。一例は、一九七三年に経済審議会NNW開発委員会が公表した**ＮＮＷ**(**Net National Welfare：国民純福祉**)で、これ以外にも、後述するＳＥＥＡの大気排出勘定を基礎として、二〇二二年に内閣府経済社会総合研究所が公表した**汚染調整済経済成長率**があります。後者は、先述したＯＥＣＤの汚染調整済経済成長率を基礎にしています。

ＮＮＷは、環境・社会側面を表す以下の九要素をＧＤＰに加除することでえられます。加算項目に、政府消費、個人消費、政府資本財サービス、個人の耐久消費財サービス、余暇時間の価値、市場外労働が含まれ、ＧＤＰから差し引かれる控除項目に、環境維持経費、水質汚濁・大気汚染・廃棄物の三種の環境汚染による環境悪化、通勤費用と交通事故の費用で計算される都市化による損失が含まれます。一九五五、六〇、六五、七〇年での計算結果から、この時期が高度経済成長期にあたることから、ＧＤＰとＮＮＷは年々増加しましたが、典型七公害が頻発した時期でもあり、環境悪化の影響により、ＧＤＰよりもＮＮＷが常に低いことが明らかにされました。

②ＳＮＡに環境統計を追加した指標

一九九三年にＳＮＡの改定の際に、ＵＮＳＤ(国連統計局)が中心となりＳＮＡを、ある特定の分野に関して拡張したサテライト勘定として作られたのが**ＳＥＥＡ**(**System of Environmental-Economic Accounting：環境経済勘定体系**)です。ＳＥＥＡ創設の背景には、経済活動にともなう環境の悪化等をＳＮＡで捉えることができないことから、環境と経済を統合し、環境と経済の相互関係を把握可能な統計体系を確立する必要がありました。一九九三年には初のハンドブック(SEEA1993)を公表し、二〇〇三年には改訂ハンドブック(SEEA2003)を刊行しました。ＳＮＡの改定(2008SNA)に合わせて、二〇

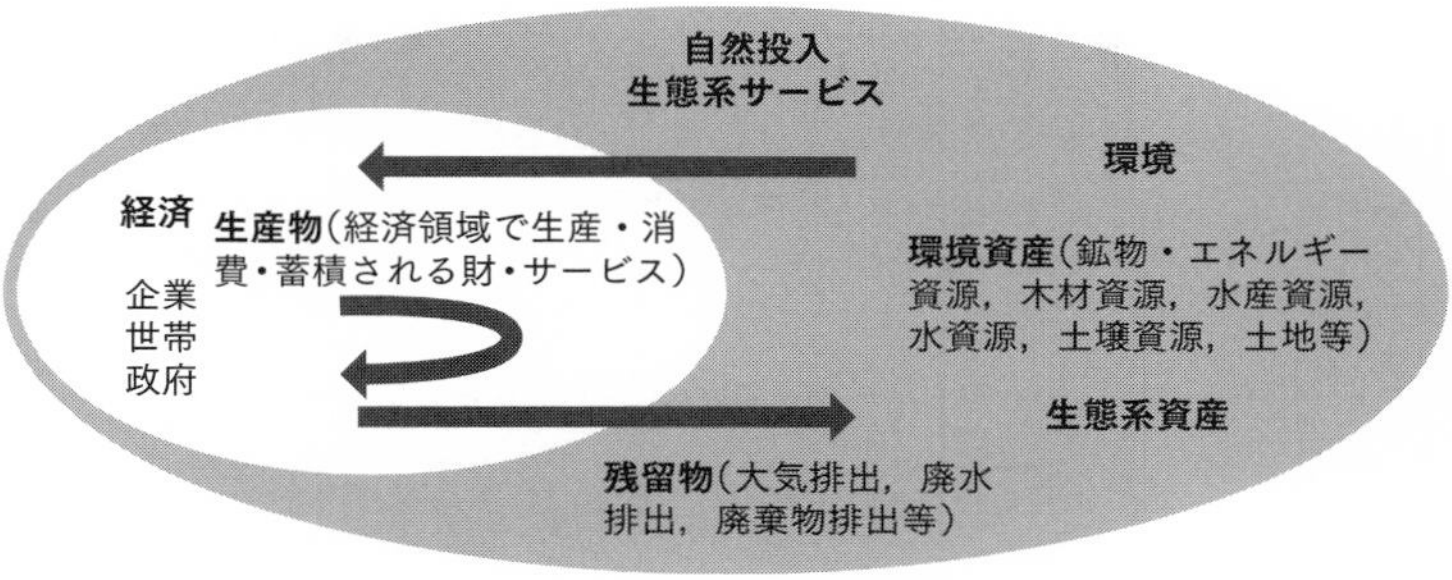

図 6-3　SEEA の概念図

出典：Chow 2015 をもとに作成.

一二年に新たな枠組であるSEEA-CF(Central Framework：SEEAセントラルフレームワーク)を公表し、二〇一七年には、SEEA-CFと各種政策との関係を示したSEEA-AE(Applications and Extensions：SEEA拡張と応用)を刊行しました。さらに、これまでの自然投入や鉱物資源といった物的なフローやストックだけでなく、生態系からえられる恵みと定義され、食糧、水、原材料等の供給サービスや気候、災害、水質、大気の質等の調整サービスを含む生態系サービスまで拡張したSEEA-EA(SEEA-Ecosystem Accounting：SEEA生態系勘定)を採択し、現在に至っています。

フローとストックを勘定処理した各種の勘定や表で構成されるのが、SEEAの特徴です。図6-3でSEEAを概念的に示しました。図中の矢印がフローを表し、例えば環境資産に含まれる鉱物・エネルギー資源の一つである原油から、ガソリンや軽油といった石油製品が生産物として生み出されることをフローで表せます。一方で、経済領域や環境領域に一定期間蓄積した場合、ストックとなります。さらにGDPの調整指標と異なり、SEEAではフローとストックが貨幣

表 6-2　SEEA-CF の主な勘定・表とサブ勘定

区　分	概　要
供給・使用表	自然投入，生産物及び残留物のフローを物的・貨幣的に記録する．
資産勘定	各会計期間の期首・期末時点の環境資産のストックとその変動を物的・貨幣的に記録する．
機能勘定（環境活動勘定）	環境目的で実行された経済活動に関する取引やその他の情報を記録する．
勘定・表	**サブ勘定**
物的供給・使用表	マテリアル・フロー勘定，水勘定，エネルギー勘定，大気排出勘定，水排出勘定，廃棄物勘定
物的資産勘定	鉱物・エネルギー資源勘定，土地資源勘定，土壌資源勘定，木材資源勘定，水産資源勘定，その他の生物資源勘定，水資源勘定
機能勘定（環境活動勘定）	環境保護支出勘定（EPEA），環境財・サービス部門（EGSS）勘定

出典：内閣府経済社会総合研究所 2016 をもとに作成．

換算されるばかりでなく、物量換算された勘定も含みます。くわえて SEEA-CF 下では、生態系サービスがフローとストックで勘定処理される一方で、環境保護目的で実行された経済活動に関する取引やその他の情報を記録した機能勘定（環境活動勘定）も作成され、環境保護支出勘定（ＥＰＥＡ）と、環境産業関連の事業所数や雇用者数等をまとめた環境財・サービス部門（ＥＧＳＳ）勘定が機能勘定に含まれます。表６－２で SEEA-CF の主な勘定・表とサブ勘定を示しました。機能勘定（環境活動勘定）を除き、物的な供給・使用表と資産勘定のサブ勘定のみを示しています。これらのサブ勘定は、先述したように大気排出勘定を用いてグリーンＧＤＰが計算されたり、マテリアル・フロー勘定で資源のリサイクル率がわかることで、サーキュラー経済関連政策などで活用されています。

ＳＮＡの改定は二〇二五年三月までに完了する予定で、これと関連してＳＥＥＡの改定も視野に入れられています。ＵＮＳＤはＩＭＦ（国際通貨基金）と共同で二〇二〇年三月からSNAとBPM(the Balance of Payments and International Investment Position Manual：国際収支マニュアル)の改定に着手しました。改定は、社会の豊かさと持続性(Well-being and Sustainability：WS)を含む重点領域のタスクチーム(TT)ごとに検討され、検討の成果として各TTは、概念的・実践的なガイダンスを含むガイダンスノートを作成しています。WSTTでは一四項目が検討されていますが、先述したGDPが社会の豊かさを測る指標としてふさわしくない理由の多くが検討事項に含まれています。すなわち社会の豊かさと持続性のための広範なSNAの枠組(WS・1)、無報酬の家事サービス労働(WS・3)、労働、教育、人的資本／人的資本の実験的見積もり(WS・4)、健康と社会的条件(WS・5)、経済的所有権と天然資源の枯渇(WS・6)、排出許可／資産としての大気(WS・7)、SEEAの分類(WS・12)等です。

ここでは、SNAとSEEAで現在使用されている分類の評価と更新を目的としたWS・12と関連した活動に着目します。WS・12の活動は、環境に配慮したグリーンな経済活動や投資の分類であるEUタクソノミーに影響を受けていると考えられます。WSTTはWS・12に関するガイダンスノートの初稿(二〇二〇年一二月現在)を刊行していますが、そのなかでさまざまな既存の分類を踏まえて、新たな分類が検討されています。既存の分類には、新たな環境活動を反映するために、気候変動緩和活動と生態系の保全、管理、修復活動を提案している国際標準産業分類(International Standard Industrial Classification：ISIC)、EGSS(環境財・サービス部門)関連項目、廃棄物・サーキュラー経済関連製品の分類を含む中央生産分類(Central Product Classification：CPC)、気候変動、環境保護、資源管理に関する政府支出に関する政府の機能分類(Classification of the Functions of Government：COFOG)、旧来の

表 6-3　日本における環境調整済全要素生産性の試算結果(1995-2018 年平均値)

汚染削減調整項 (a＝b＋c＋d)	(うち CO_2) (b)	(うち CH_4) (c)	(うち非メタン有機化合物, NMVOC) (d)	実質 GDP 成長率 (e)	汚染調整済経済成長率 (f＝a＋e)	労働投入寄与度 (g)	資本投入寄与度 (h)	環境調整済全要素生産性 (i＝f−g−h)
0.46	(0.01)	(0.31)	(0.14)	0.85	1.32	0.11	0.25	0.96

出典：内閣府経済社会総合研究所 2022 をもとに作成.

ＣＥＰＡ(Classification of Environmental Protection Activities)やCReMA(Classification of Resource Management Activities)を基礎としてEurostatが七分野からなる新たな分類を二〇二一年に提案している環境活動分類(Classification of Environmental Activities：ＣＥＡ)などが含まれます。これらの分類を踏まえて、グリーンな経済活動や投資ならびにその逆の環境に負の影響を与えるブラウンな経済活動や投資の分類が新設された場合、ＥＳＧ投資を含むサステイナブル・ファイナンスや、後述する公正な移行への影響が考えられます。

日本においてもＳＥＥＡの整備が進んでいます。まずSEEA1993に基づき、一九七〇〜一九九五年に五年間隔で勘定表を作成し、環境に関する外部不経済を貨幣評価した帰属環境費用を計算しました。貨幣評価の際に、大気汚染・水質汚濁物質の排出、土地開発、森林伐採、地下資源の利用、CO_2の排出による地球温暖化、自然資産の復元活動を含めました。つぎにSEEA2003を参考に、ＳＮＡに物的な環境勘定を含む国民経済計算マトリックス(National Accounting Matrix including Environmental Accounts：ＮＡＭＥＡ)の全国版と地域版を作成する一方で、水勘定に関するSEEA-Waterに準拠した日本版SEEA-Waterを作成しました。最後にSEEA-CFに準拠して、大気排出勘定を作成した後、先述したＯＥＣＤのＥＡＭＦＰを参考に、大気排出勘定を用いて二〇二二年にEAMFPを計算しました。今後は、EGSS勘定の作成が視野に入れられています。

先述した一九九一―二〇一二年を対象としたカルデナス・ロドリゲスらによるEAMFPの計算結果(Cárdenas Rodríguez et al. 2018)と同様の結果が、一九九五～二〇一八年を対象とした内閣府経済社会総合研究所の試算結果でも示されました。なお試算の際に、自然資本を対象としていません。表6-3で、環境調整済全要素生産性の試算結果を示しました。地球温暖化対策を含む各種の大気汚染対策の進展により、汚染削減調整項がプラスとなったことで、汚染調整済経済成長率が実質GDP成長率よりも高いことがわかります。汚染削減調整項に関しては、メタン(CH_4)と非メタン有機化合物に関する対策の進展が大きく寄与していることがこの表から読み取れます。

③GDPに環境や社会の情報を補充した指標

先述したGDPの調整指標SNAやSNAに環境統計を追加した指標と、ここで取り扱うGDPに環境や社会の情報を補充した指標(以下、補充指標)の違いは、後者が、貨幣換算されていない経済的、社会的、環境的要因も考慮している点にあります。補充指標が多次元アプローチに立脚していることから、複数の指標によって社会の豊かさを測ることになり、結果的に補充指標は指標群の形をとらざるをえなくなります。補充指標の例として、ミレニアム開発目標(MDG)指標や持続可能な開発目標(SDG)指標等があります。これらの指標は指標群の枠組みで開発されましたが、その基礎は、先述したように、持続可能な発展を主要なテーマとした一九九二年開催の国連環境開発会議(地球サミッ

表 6-4　SDGs の目標，ターゲート，グローバル指標の例

目標 1　貧困をなくそう	あらゆる場所のあらゆる形態の貧困を終わらせる．
ターゲット 1.1	2030 年までに，現在 1 日 1.25 ドル未満で生活する人々と定義されている極度の貧困をあらゆる場所で終わらせる．
指標 1.1.1	国際的な貧困ラインを下回って生活している人口の割合（性別，年齢，雇用形態，地理的ロケーション（都市/地方）別）．
ターゲット 1.2	2030 年までに，各国定義によるあらゆる次元の貧困状態にある，すべての年齢の男性，女性，子供の割合を半減させる．
指標 1.2.1	各国の貧困ラインを下回って生活している人口の割合（性別，年齢別）．
指標 1.2.2	各国の定義に基づき，あらゆる次元で貧困ラインを下回って生活している男性，女性および子供の割合（全年齢）．

出典：総務省 2021 による．

ト）と深く関係しています。この会議で採択されたアジェンダ二一で、持続可能な発展指標の重要性が指摘されたことを受け、会議翌年にＵＮＣＳＤ（国連持続可能な開発委員会）が設立され、一九九六年にＵＮＣＳＤによって、持続可能な発展指標群（ＳＤＩｓ）の初版が公表されました。それ以降、二〇〇一年に第二版が、二〇〇六年に、九六指標からなる第三版が提示され、現在に至っています。

ＳＤＩｓを基礎とした補充指標は指標群という枠組みであることから、環境、経済、社会という三つの主領域のもと、副領域、副々領域等に階層化された構造を有します。ＳＤＧｓの進捗を測定するための指標群であるＳＤＧ指標の場合、二〇一五年開催の国連持続可能な開発サミットで採択された、誰一人取り残さない社会の実現をめざした二〇三〇アジェンダで示された開発目標であるＳＤＧｓが、二〇三〇年を目標達成期限とする一七の目標と一六九のターゲットで構成されているため、この一七目標を最上段とする階層構造になっています。ＳＤ

G指標は、二〇一七年に国連総会で二四四のグローバル指標が承認され、二〇二〇年に国連統計委員会での見直し後、二〇二二年現在、二四七のグローバル指標(重複を除くと二三一指標)で構成されています。表6-4で第一目標である「貧困をなくそう」下の1・1と1・2ターゲットのグローバル指標を示しました。この例のように、一つのターゲットの進捗状況を複数の指標で測る場合もあります。

日本では、国連が示したグローバル指標を参考に、総務省が関係府省と協力して、SDG指標(日本版)を取りまとめつつあります。一方で日本政府は二〇二一年に発表した『二〇三〇アジェンダの履行に関する自発的国家レビュー二〇二一』で、先述した第一目標「貧困をなくそう」に関して、当該目標の直接的な指標ではありませんが、「子供の貧困率」は、「子供の貧困対策大綱」が策定された二〇一四年時点では一六・三%でしたが、二〇一九年の国民生活基礎調査では一三・五%に低下している旨を報告することで、SDGsの進捗状況を評価しています。このような日本政府による自主的な評価以外に、サッチスらは、国連加盟各国でのSDGsの進捗状況を評価しています(Sachs et al. 2021)。日本に関して彼らは、SDG4(教育)、SDG9(インフラ・産業化・イノベーション)、SDG16(平和と公正)の分野で高く、その一方で、SDG5(ジェンダー平等)、SDG13(気候変動)、SDG14(海洋資源)、SDG15(陸上資源)、SDG17(実施手段)の分野で低く評価しています。

④GDPの代替指標

人間開発指数(Human Development Index：HDI)を嚆矢として、社会の豊かさをより直接的に表すGDPの代替指標の開発が始まったといえます。この指数は、一九九〇年にハックによって提案され、それ以降、ＵＮＤＰ（国連開発計画）が毎年刊行する人間開発報告書で公表されています。この指数の開発には、スティグリッツ委員会のメンバーでもあったセンのケイパビリティアプローチが影響を与えています。潜在能力アプローチとも称されるケイパビリティアプローチは、「人」が豊かな生活を送るために必要な手段に、どの程度アクセスできているかに主に着目します。この必要な手段とは、経済的な豊かさを確保するための所得であったり、所得を向上するための教育であったりします。

ケイパビリティアプローチを踏まえて、ＨＤＩは、平均余命指数(Life Expectancy Index：ＬＥＩ)、平均修学年数と期待修学年数で計算される教育指数(Education Index：ＥＩ)、国民総所得指数(Gross National Income Index：ＧＮＩＩ)という三つの要素で構成され、次の式で表されます。

$$HDI=(LEI \times EI \times GNII)^{1/3}$$

ここで、平均余命は出生時の平均余命で、平均修学年数は二五歳以上人口の平均修学年数で、最小値〇、最大値一五をとり、期待修学年数は学校に在籍することが期待される推定年数で、最小値〇、最大値一八をとり、国民総所得指数は、一人あたり国民総所得で表されます。ここで注目すべき点は、個人の潜在能力に力点をおくＨＤＩでは、個人的な寿命や教育水準とともに、社会全体の生産を表すＧＤＰではなく、個人の所得を表すＧＮＩを用いている点にあります。

図６－４でＨＤＩの推移を示しました。この図から、世界的に見て、ＨＤＩの値は年々上昇し、個人の潜在能力が年々高くなっているといえますが、その一方で、先進国といわれるＯＥＣＤ加盟国と

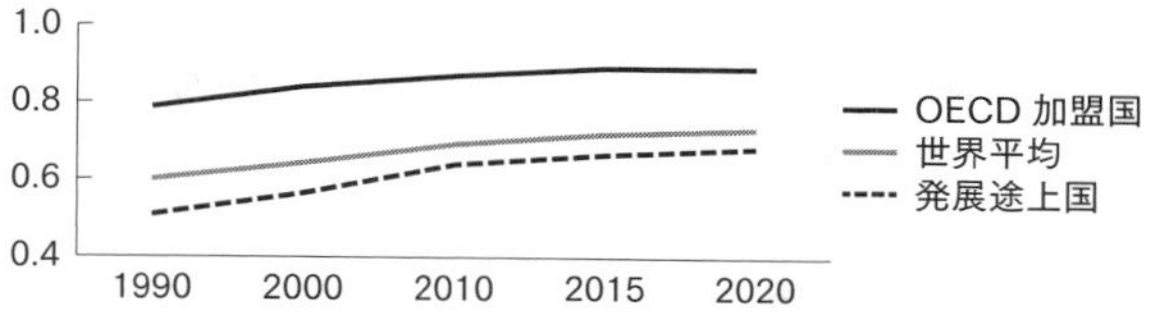

図 6-4　HDI の推移（1990-2020 年）

出典：UNDP の資料をもとに作成.

発展途上国の平均の差は縮まってはいるものの、その差は依然大きく、両者間の格差は解消されていないとも考えられます。このような国際的なＨＤＩの格差を念頭に入れ、ＵＮＤＰは二〇一〇年の人間開発報告書で、所得格差など国内の不平等の度合いを考慮した**不平等調整済ＨＤＩ（Inequality-adjusted HDI：ＩＨＤＩ）**を導入しました。ＨＤＩとＩＨＤＩの差が大きいほど国内の不平等の度合いが高く、差が無ければ、完全に平等であると考えられています。さらに二〇二〇年の人間開発報告書でＵＮＤＰは、一人あたりのCO_2排出量とマテリアル・フットプリントという環境要因を考慮し、惑星圧力調整済ＨＤＩ（Planetary pressures-adjusted HDI：ＰＨＤＩ）も提示しています。

ＨＤＩは、平均余命、教育年数、国民総所得という客観的な要素で構成されていましたが、先述したスティグリッツ委員会報告書で指摘された、生活満足度や幸福度といった主観的な要素を含めて、社会の豊かさを測る指標も開発されています。二〇一一年にＯＥＣＤが作成した**Better Life Index (BLI)**や二〇一二年に公表されたＯＥＣＤが二〇一二年に出版した国連の世界幸福度報告（World Happiness Report）で示された指数が主観的な要素を含む指標の例です。ここではＢＬＩについてみてみます。

ＢＬＩは、ＯＥＣＤがEurostatやUNECE（国連欧州経済委員会）等と連携しつつ推進したBetter Life イニシアティブのなかで提案されました。当初二〇一一年に刊行された『Compendium of OECD Well-being Indicators』で、一一分野、二一指標で構成されるBLIが公表され、その後二〇一三、一五、一七、二〇年に刊行された『How's life?：Measuring Well-being』と題する報告書でもBLIが計算されています。BLIの二分野とは物質的状態と生活の質であり、物質的状態分野は、所得(①一人あたり調整後純可処分所得、②一人あたり財産)、職業(③雇用率、④長期失業率)、住宅(⑤一人あたり部屋数、⑥住居における基本設備)の三領域、六指標で構成される一方で、生活の質分野は、健康状態(⑦平均余命、⑧健康状態(自己申告))、ワーク・ライフ・バランス(⑨超過勤務、⑩趣味の時間、⑪子を有する女性の雇用率)、教育・技能(⑫教育達成率、⑬生徒の能力(PISA読解力))、社会とのつながり(⑭他者とのつながり、⑮社会的ネットワーク(信頼できる知人の有無))、市民の関わりと統治(⑯投票率、⑰制度創設時の市民参加)、環境の質(⑱大気汚染(SPM))、安全(⑲意図的殺人、⑳被害届け(申告ベース))、主観的幸福度(㉑生活満足度)の八領域、一五指標で構成されます(なお各領域の括弧内の①～㉑は指標を表す)。BLIの特徴として、HDIと同様に、個人の所得や、健康状態に加えて、GDPが社会の豊かさを測る指標としてふさわしくない理由にあげられていた、ワーク・ライフ・バランス(⑩趣味の時間)や、環境の質(⑱大気汚染(SPM))や安全(⑲意図的殺人)といった項目が含まれている点があげられます。さらに主観的幸福度(㉑生活満足度)のような主観的な要素が含まれている点は、HDIとの大きな違いです。

日本においても、主観的な要素で社会の豊かさを測る試みがなされています。内閣府はOECDのBLIの公表を受けて、二〇一一年に「幸福度に関する報告書」を、また先述した『経済財政運営と改革の基本方針二〇一七』を受けて、「満足度・生活の質に関する調査」の第一・二次報告書、第

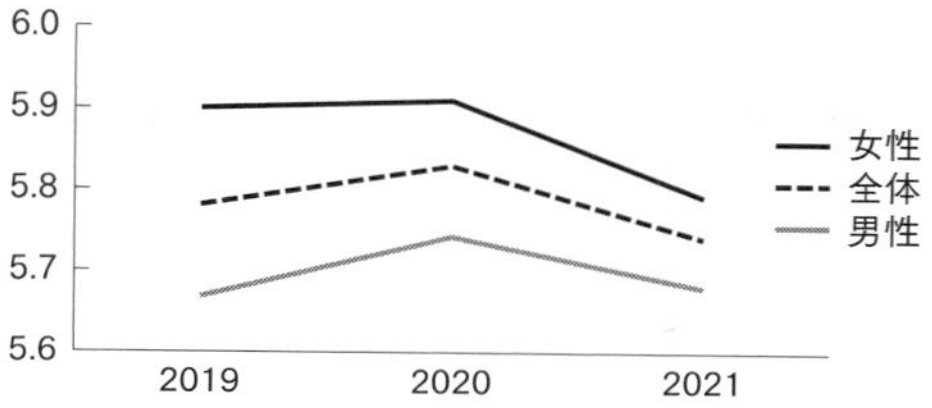

図 6-5　男女別の総合的な生活満足度の推移（2019-2020 年）

出典：内閣府 2021 をもとに作成.

三・四次報告書、報告書二〇二一をそれぞれ二〇一九、二〇二〇、二〇二一年に刊行しました。満足度・生活の質に関する調査では、総合的な生活満足度と一三分野別の満足度ならびに分野別の質問等によって、主観・客観の両面から社会の豊かさを多角的に把握することを目的としています。一三分野とは、家計と資産、雇用環境と賃金、住宅、仕事と生活、健康状態、自身の教育水準・教育環境、社会とのつながり、政治・行政・裁判所、自然環境、身の回りの安全、子育てのしやすさ、介護のしやすさ・されやすさ、生活の楽しさ・面白さであり、ほぼOECDのBLIを踏襲した分野構成になっています。各分野の満足度に関しては、例えば総合的な生活満足度に対して、あなたは全体として現在の生活にどの程度満足していますか、「全く満足していない」を0点、「非常に満足している」を10点とすると、何点くらいになると思いますか、のように0~10のあいだで1点刻みで評価しています。

三カ年の調査から、男女間で総合的な生活満足度に関して、違いがみられました(図6-5)。この図から、二〇二一年に男女とも生活満足度が低下していますが、とくに女性で低下の度合いが大きいことがわかります。また健康状態、社会とのつながり、生活の楽しさ・面白さの満足度でも、男性に比べて女性の下げ幅が大きく、新型コロナウイルスへの感染の不安、コロナ禍での友人等との交流の減少や気分の沈み等に困っている割合も女性で高いことから、これらの要因によって女性の生活満足度が男性に比べて大きく落ち込んだと内閣府(二〇二一)は分析しています。

おわりに——公正な移行に向けて

これまで、公害問題だけではなく、温室効果ガスの排出増加による地球温暖化といった地球環境問題が経済と社会に悪影響を及ぼすことで、経済指標であるGDPだけでは社会の豊かさを測ることが適当でなく、社会の豊かさを多次元で捉えることの重要性についてみてきました。このような社会の豊かさを表す新たな指標づくりは、二〇〇九年に刊行されたスティグリッツ委員会報告書で提示された一二の勧告に基づいて、今後も進められると考えられます。同報告書の刊行後の指標づくりの進捗状況をスティグリッツらは、発展途上の段階にあると評価したうえで、Beyond GDPと関連した取り組みの今後の展望を、大きく以下の二点でまとめています(Stiglitz et al. 2018)。すなわちBeyond GDPと関連した取り組みは反成長として特徴づけられるのではなく、公平で持続可能な成長をめざすべきであることと、このような成長に向けて、研究者、統計実務家、政策立案者、市民等での社会の豊かさに関する継続的な議論と、社会の豊かさを表す尺度や指標の開発を続けることです。

スティグリッツらはこのような展望を示す一方で、いくつかの課題も指摘しています。そのなかには、GDPといった単一の指標で国の健全性を測ることはできないため、人々の物質的条件と生活の質、不平等、持続可能性等を表す指標のダッシュボードによって測る必要があることや、社会集団間の社会の豊かさの違いを説明するために、年齢、性別、障害の有無、教育水準等の社会的地位で社会集団を細分化し、社会内の不平等を説明する指標を開発する必要があることなどが示されています。しかしここで指摘されているように、SDG指標のような複数の指標で構成される指標群(ダッシュボード)で社会の豊かさを測る場合、指標間の相互連関や相乗効果ばかりでなく、二つの指標の両立が困難で、一方を達成しようとすると、もう片方が達成できないというトレードオフも考えられます。例えばSDGs内にはSDG13(気候変動対策)と主観的幸福の間に負の相関関係にあることが明らかにされることで、SDGs内には一定のトレードオフの可能性があることが示唆されています(De Neve and Sachs 2020)。公平な移行に関しても、このようなトレードオフがみられます。

地球温暖化が経済や社会に悪影響を及ぼすことが明らかにされる一方で、社会の豊かさを減じる地球温暖化への対策を講じることで、経済や社会が影響を受けることもIPCCの報告書等で示されています。とくに自動車産業も含めて、石炭・石油のような化石燃料関連産業の企業や当該産業が立地する地域は、脱炭素社会への移行によって、廃業、雇用喪失、人口流出等の影響を受けることから、公正な移行への必要性が高まっています。

脱炭素社会に向けた各種の政策が進展するなか、EUを中心に公正な移行指標の開発が進められています。EUは二〇五〇年までに、温室効果ガスの排出を、森林等での吸収やCO_2回収・有効利用・貯留技術等による削減で相殺することで、実質的にゼロにする気候中立(Climate neutral)を目標としています。この目標と経済成長の両立をめざした欧州グリーンディールをEUは二〇一九年に発表しました。しかし気候中立関連政策は、必ずしも望ましい影響を与えるとは限らず、雇用や人口等に悪影響を与えることも予想されることから、公正な移行を円滑化するために、欧州グリーンディールの一部として、公正な移行メカニズムと称される仕組みもＥＵは作りました。このメカニズムを通じて、気候中立への移行が公正な方法で行われ、誰も置き去りにされないことを目的としています。公正な移行メカニズムの基金部門が公正な移行基金(Just Transition Fund：ＪＴＦ)であり、この基金を活用して実施された気候変動対策の結果や成果を測る指標の一部として、公正な移行指標が作成されました。しかし公正な移行基金の対象地域がおもに産炭地域であることに加えて、当該基金の結果指標や成果指標として、欧州地域開発基金の成果指標や結果指標が活用されているため、地域・都市政策の評価に偏っており、必ずしも公正な移行を正しく表した指標とはいえません。このため、二〇二二年に発表され、二〇三〇年を完成年次とするＥＵの第八次環境行動計画の文脈で、公正な移行指標の検討がなされました。

既存の指標の利用可能性を踏まえて、ヘイエンらは中長期的な視点から、公正な移行指標を開発する際に必要な追加項目を示しています(Heyen et al. 2021, pp. 43-44)。まず社会正義と環境正義を両立させる社会的に公正な移行という概念のもと、社会的に公正な移行には、環境、脆弱な消費者、雇用・地域の三分野での政策の必要性を彼らは指摘しています。なお『デジタル大辞泉』では社会正義と環境正義をそれぞれ、法の下での平等や同一労働同一賃金といった「人間が社会生活を営む上で、正しいとされる道理」と「環境問題における社会的な公平性や公正性。すべての人が人種・性別・所得・文化的背景によらず、環境汚染や環境負荷による影響から平等に守られるべきという考え方」と定義しています。また脆弱な消費者とは「個人的境遇が原因で、事業者による配慮が不十分である場合に不利益を蒙る可能性が特に高い者」(菅 二〇二〇、二〇九―二一〇頁)といえます。そのうえでこの三分野での目標をそれぞれ次のように定めています。環境分野では、環境汚染とそのリスクで生じる不平等と、社会的に公正な移行政策の実施の結果として生じる便益の不平等を軽減する。脆弱な消費者分野では、不当な負担を強いるのではなく、金銭的な節約や社会参加の機会を提供する。雇用・地域分野では、雇用の質と量に正の影響を与え、公平な移行の影響を受ける労働者や地域に将来的な展望を開く。

これらの目標に照らして、まず既存の指標に関しては、就業、所得、年齢といった社会的・経済的・人口学的な特性による細分化の必要性を彼らは指摘したうえで、以下の事項に関して、個人で異なる不均等な影響を考慮できる指標に改めるべきであることも示しています。すなわち環境分野では、大気の質、気候変動、化学物質の影響とこれらに対する脆弱性(すなわち、これらに関するリスク評価)、脆弱な消費者分野では、公共交通機関ならびに交通手段全般への近接性とアフォーダブルな料金、環境税の配分、レトロフィット(既存住宅の環境配慮型住宅への改築)や例えば太陽光パネルの設置による再生可能エネルギーの生産消費(prosuming)の機会、雇用・地域分野では、環境配慮型や持続可能な社会への移行(グリーントランジション)による雇用、労働条件、能力開発、地域の富や地域的な結束への影響です。

つぎに三分野ごとに、直ちに、もしくは中期的に開発すべき新指標を彼らは提示しています。環境分野では、直ちに健康と関連する汚染指標やそのリスク指標を、また中期的には、EU-SILC 調査に、緑地(green space)ならびに廃棄物施設や汚染地への近接性、異常気象にともなう(損害、費用、投資などの)人的被害に関する新しい項目を組み込むことを提案しています。ついで脆弱な消費者分野では、直ちに、照明や冷暖房等の日常生活に必要なエネルギーを利用できないか十分に利用できない状況を表すエネルギー貧困を表す指標を選定し、中期的には、環境分野と同様に、EU-SILC調査に、夏季に室内を適度に涼しく保つことができる状況、日常生活で必要な移動手段を確保できる状況、健康的な食品を購入できる状況を表す新しい項目を組み込むことを示しています。また雇用・地域分野では、化石燃料部門の雇用数とグリーンジョブ(環境関連の仕事)の関係を表す指標を直ちに整備する一方で、持続可能な発展を実現するグリーン経済への移行によって影響を受ける労働者や地域を支援するための公共支出に関する指標や公正な移行基金(JTF)の基準に基づいて類型化された地域ごとに、地域の富と地域的な結束を表す指標の導入が必要であると主張しています。最後に、長期には、例えば、脆弱な消費者分野のエネルギー貧困と、雇用・地域分野の化石燃料関連産業での雇用喪失を組み合わせるといった、異なる分野の指標を組み合わせ、公正な移行による特定の社会集団や地域の多重な影響について評価できる指標を開発すべきであると彼らは指摘しています。

今後の日本の政策に関して、これまで述べたEUでの公平な移行指標の開発から学べることは何でしょうか。それは、指標開発で示されたアイディアを、公平な移行関連の政策で使用される統計の整備とこのような統計に基づく指標策定で役立てることができると考えられます。政府は二〇二〇年に閣議決定した『公的統計の整備に関する基本的な計画(第Ⅲ期基本計画)』で、政策の事前評価といえるEBPM(証拠に基づく政策立案:Evidence-Based Policy Making)や統計ニーズへの的確な対応について述べています。この統計ニーズには、各府省統計主管部局長等会議(二〇〇三)『統計行政の新たな展開方向』で示された、「『環境・経済統合勘定』の研究が進められているが、今後、経済活動における環境保全活動を評価するためにその指標となる統計の整備」(二二頁)や、「環境投資等の統計」(二三頁)の整備が含まれると考えられます。

では、公正な移行関連政策を進めるにはどのような統計や指標が必要でしょうか。まず統計を作成するにあたって、EUタクソノミーや、先述したSNA改定の際に参考にされた各種の環境保全関係の分類を参照しつつ、日本独自の環境タクソノミー(分類)を作成する必要があるでしょう。二〇一〇年から二〇一九年まで環境省は環境経済観測調査(環境短観)を実施し、環境ビジネスの動向を示していますが、必ずしも国際的に調和のとれた統計とはなっていません。よって新たな環境タクソノミーでは、EUや国連等の統計と調和のとれた環境ビジネスや環境投資に関する統計の項目が必要と考えられます。その際に、先述したSNA改定準備段階でのWSTT.12の活動は参考になります。つぎに、この環境タクソノミーを用いて、グリーンジョブやグリーン投資等に関する統計を整備する必要があります。その際に、SEEAの機能勘定が活用できるでしょう。機能勘定の一つであるEGSS勘定で、グリーンジョブ数や、グリーンな事業所数の把握が可能となる一方で、環境保護支出勘定(EPEA)では原資となる投資も記載されることから、グリーン投資を把握する際の活用が期待されます。環境タクソノミーに基づくこれらの統計を整備する際には、職業別、性別、年齢別等の社会集団別、産業別、地域別に細分化された統計が必要です。その理由は、石炭から石油へ移行したエネルギー革命以降、旧産炭地域では、閉山に伴って特定の産業や社会集団かつ局所的に失業問題や地方財政問題等は発生したことから、このような細分化が必要です。加えて、例えば環境分野と雇用・地域分野を結ぶリンケージ指標の整備も不可欠と思われます。具体的には、エネルギー価格や消費と貧困の関係を示したエネルギー貧困等の指標やグリーン投資とグリーンジョブの関係を示した指標です。ジェイガーらは国際労働組合総連合(ＩＴＵＣ)との共同研究で、太陽光発電への投資は、同額を化石燃料に投資する場合の一・五倍の雇用を生み出すことを明らかにしました(Jaeger et al. 2021)。しかし日本では環境産業やグリーン投資に関する国際的に調和のとれた統計が無いため、両者の関係を明らかにすることは困難です。他方、日本においても、社会を持続可能な発展の方向へ移行するための技術革新とこの技術による社会の共進化の解明を目的とした持続可能性移行に関する研究(陳ら 二〇二二)が進められており、その一分野である持続可能性に向けた移行の制御を扱うトランジション・マネジメント(ＴＭ)研究では、公正な移行も研究対象になっています(Goddard and Farrelly 2018)。今後、公正な移行に関するＴＭ研究の成果はリンケージ指標の整備に活用されると考えられます。近い将来、このようなリンケージ指標と関連する統計が整備されることにより、証拠に基づいた公平な移行に向けた各種の政策が実施され、地球温暖化が緩和されるとともに、地域の雇用が安定し、格差の少ない豊かな社会が日本に出現することを期待します。

参考文献

各府省統計主管部局長等会議 二〇〇三、『統計行政の新たな展開方向』各府省統計主管部局長等会議。
菅富美枝 二〇二〇、「市場における消費者脆弱性の制御・解消についての一考察」『社会保障研究』五(二)、二〇九―二二四頁。

総務省 二〇二一、『指標仮訳』総務省。(https://www.soumu.go.jp/main_content/000562264.pdf)

陳奕均・城山英明・杉山昌広・青木一益・木村宰・森晶寿・太田響子・松浦正浩・松尾真紀子 二〇二二、「日本における持続可能性移行(サステナビリティ・トランジション)研究の現況と今後の展望」『環境経済・政策研究』一五、一—一一頁。

内閣府 二〇二一、『満足度・生活の質に関する調査報告書二〇二一——我が国の Well-being の動向(概要)』内閣府。

内閣府経済社会総合研究所 二〇一六、『環境経済勘定セントラルフレームワークに関する検討作業 SEEA-CF 概説書(平成二五年度・二六年度合体版)』内閣府経済社会総合研究所。

内閣府経済社会総合研究所 二〇二二、「環境要因を考慮した経済統計・指標について」『研究会報告書等』八七。

ドネラ・H・メドウズら、大来佐武郎監訳 一九七二『成長の限界——ローマ・クラブ「人類の危機」レポート』ダイヤモンド社。

山下潤・橋本征二・林岳・佐々木健吾、山下潤編 二〇一七、『持続可能な発展指標の新展開』花書院。

Cárdenas Rodríguez, M., Haščič, I., Souchier, M., 2018 Environmentally Adjusted Multifactor Productivity: Methodology and Empirical Results for OECD and G20 Countries, *OECD Green Growth Papers*, No. 2018/02, OECD, Paris, France.

Chow, J. 2015, Introduction to Core Accounting Principles on SEEA and SNA, presented during Regional Training Workshop on the System of Environmental-Economic Accounting in Shanghai, China. (https://seea.un.org/sites/seea.un.org/files/session_2_introduction_to_core_accounting_principles_on_seea_0.pdf)

Commission of the European Communities 2009, GDP and beyond: Measuring progress in a changing world, COM (2009) 433 final.

De Neve, J-E., Sachs, J. D. 2020, The SDGs and human well-being: a global analysis of synergies, trade-offs, and regional differences. *Sci Rep* 10, 15113.

Diener, E. and Suh, E. 1997, Measuring quality of life: Economic, social, and subjective indicators, *Social Indicators Research* 40, pp. 189–216.

Giovannini, E., Rondinella, T. 2018, Going beyond GDP: Theoretical approaches, in: D'Ambrosio, C. (Ed.), *Handbook of Research on Economic and Social Well-Being*, Edward Elgar Publishing, Cheltenham, Glos, UK; Northampton,

MA.
Goddard, G., Farrelly, M. A. 2018, Just transition management: Balancing just outcomes with just processes in Australian renewable energy transitions, *Applied Energy* 225, pp. 110–123.
Goossens, Y., Mäkipää, A., Schepelmann, P., van de Sand, I., Kuhndt, M., Herrndorf, M. 2007, Alternative progress indicators to Gross Domestic Product (GDP) as a means towards sustainable development (Study No. IP/A/ENVI/ST/2007-10 PE 385. 672), European Parliament, p. 95.
Hammond, A. L., Adriaanse, A., Bryant, D., Woodward, R. (Eds.) 1995, *Environmental indicators: a systematic approach to measuring and reporting on environmental policy performance in the context of sustainable development,* World Resources Institute, Washington, D.C., p. 52.
Heyen, D. A., Beznea, A., Hünecke, K., Williams, R. 2021, Measuring a Just Transition in the EU in the context of the 8th Environment Action Programme: an assessment of existing indicators and gaps at the socio environmental nexus, with suggestions for the way forward : issue paper under Task 3 of the 'Service contract on future EU environment policy' for DG Environment, Publications Office of the European Union, Brussels.
Jaeger, J., Walls, G., Clarke, E., Altamirano, J. C., Harsono, A., Mountford, H., Burrow, S., Smith, S., Tate, A. 2021, The Green Jobs Advantage: How Climate-Friendly Investments Are Better Job Creators, Working Paper, World Resources Institute, Washington, DC.
Kuznets, S. 1934, National Income, 1929–1932. The 73rd U.S. Congress, 2nd Session, Senate document, No. 124, 261p.
OECD 2007, Istanbul Declaration, Final declaration of the OECD 2nd World Forum on Measuring and Fostering the Progress of Societies, Istanbul, 30 June. (http://www.oecd.org/dataoecd/14/46/38883774.pdf)
Sachs, J., Kroll, C., Lafortune, G., Fuller, G., Woelm, F. 2021, *The decade of action for the sustainable development goals: includes the SDG Index and dashboards, Sustainable development report 2021.* Cambridge University Press, Cambridge, United Kingdom.
Stiglitz, J., Sen, A. and Fitoussi, J.-P. 2009, Report by the Commission on the Measurement of Economic Performance and Social Progress.

Stiglitz, J. E., Fitoussi, J.-P., Durand, M. 2018, *Beyond GDP: Measuring What Counts for Economic and Social Performance.* OECD Publishing, Paris.

United Nations, European Union, FAO, OECD, The World Bank (Eds.) 2017, System of Environmental-Economic Accounting 2012: Applications and Extensions. United Nations, New York.

7　現代社会のウェルビーイング

――経済成長・格差・地域との関わり

内田由紀子

はじめに――人間の本質と幸福

あなた個人が人生で目指している目標や幸福とは何でしょうか。健康に長く生きることや楽しく暮らすこと、安定した生活、何かを成し遂げることかもしれません。筆者は仕事柄さまざまな職業、年齢層の人と話をしたりインタビューをする機会があります。ある程度社会的地位を築き財を持っている人は、自分が成し遂げてきた仕事やその結果として手に入れた財について誇りに思っていることを語ることが多いように思います。また、平和で安定した家庭生活を営むことに注力してきた人は、家族が幸せであることや、平凡な毎日に感謝していることを語ってくれます。まだ将来がわからない若者は、自分がやりたい仕事ができるかどうか、贅沢ではなくてもいいからそれなりの暮らしができるかどうか、不安と期待を交えて話します。

こうしてみると、人が何を求めているのかにはずいぶん個人差があるように感じられます。一方で似たようなこともあるなとも思います。社会的地位や名声、金銭的豊かさ、人からの評価、家族の幸せ、健康で安定した暮らしというように、バリエーションはあれども、人は何らかの心理的あるいは社会的なフィードバックがあることによって、自分の心を安定させているのかもしれません。

人から褒められる、認められる、お金が得られる、これらはすべて人という「社会的動物」が、社会を形成し、そのなかでのリワードシステム(報酬システム)を成立させていることにより成り立っているといえます。つまり社会的な枠組みや仕組み、活動がなければ、幸福や人生の意義はずいぶん違ったものになることでしょう。突き詰めて考えれば「生き残る」ことこそが目標であるという原点に立ち返って考えることにもなるのかもしれません。人が集団で行動し、社会を作り出してきたことは、この「生き残る」という目標によって成立してきたことに他ならないともいえます。というのも、人は他の動物に比べると瞬発的に速く走ったりすることは難しく、非力だからです。それゆえに人類は集団で協力して知恵を出し合い分業することで生き残りを実現してきました。つまり、人のこころの社会性は、いま生存している私たちの必然であるともいえるのです。

このように、社会のなかで私たちは助け合い、支え合いながら暮らしてきました。そのため、個人が社会のなかで幸福を得るということもさることながら、社会システムや社会のなかにいる他者を支えることも、本来的な幸福な生き方に含まれているといえるでしょう。

幸福という視点をもつときに、私たちはときに過度に自己本位になり、「社会のなかで自分が何を得られるか」に注目しがちです。そして、ときには他者と比べて少しでも自分が有利な立場にあることを目標にもしてしまいがちです。それにより、社会のために自分が何ができるのか、他者についての視点を忘れてしまうことがあります。そして、消費駆動型の資本主義社会は、実はこうした個人の幸福追求や競争心と相性がよいのです。人より偉くなりたい、社会的地位を得たい、それにともなって得られた収入に見合うような消費がしたい。そういう欲求を叶えるように、消費駆動型の経済は回ってきました。そうして経済が回れば、「社会全体のことを考える」ということを意識的に行わず、自分の競争心や達成感を求めるだけでも、結果として社会の状態がよくなるというロジックです。個人の「稼ぎたい」「人より良いものを持ちたい」という幸福を前提に消費意欲に訴えかければよい社会も必然的に実現できる、という具合です。

しかし筆者にはこれからの生活が、これまで通りの消費駆動型で進んでいくとは思えません。実際、いまの日本社会は徐々に「良い家、良い車」のような消費駆動型の欲求から離れていっているといいます。一時よく取り上げられた「コト消費」に代表されるように、経験にお金や時間を使いたいという意識が価値として現れてきています。

これからの幸福やウェルビーイングを考えるためには

良い社会の成立のために私たち一人一人は何ができるのでしょうか。集団として資源をどう分配し、維持し、皆で「食べていくことができるのか」というのは重要な課題です。その課題をうまく実現していくために、人の社会はルールをつくり、分業し、争いによるコストを減らすことに注力してきました。おそらくそうしたなかで、「集団内部のルール」に私たちはかなり敏感になっていったのではないでしょうか。誰が権力を持つか。誰が意思決定をするのか。誰がどれだけ集団内の富を得ることができるのか。どこまで公平な分配をするのか。誰がルール破りをして、罰を受けるべきなのか。こ

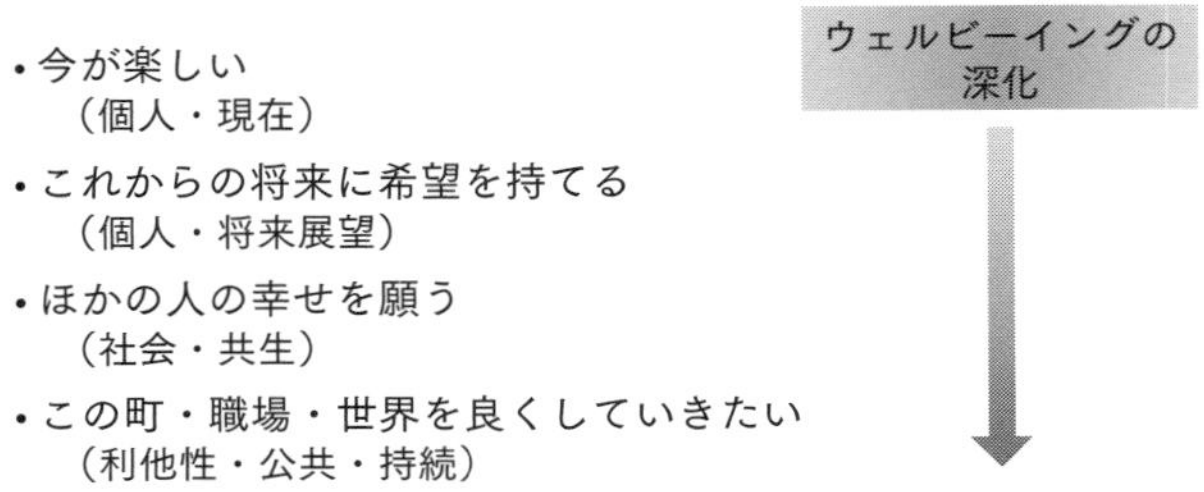
ウェルビーイングの深化
• 今が楽しい
（個人・現在）
• これからの将来に希望を持てる
（個人・将来展望）
• ほかの人の幸せを願う
（社会・共生）
• この町・職場・世界を良くしていきたい
（利他性・公共・持続）

図 7-1　ウェルビーイングの深化

うしたことに人はその認知や感情を使ってきたといえます。その一方で「集団間のコンフリクトの解決」や「集団が適応して暮らすべき環境要因」への配慮は少なくなっていったのでしょう。結果として、内向き志向で排外的になったり、環境問題に関心を持たなくなっていってしまったのかもしれません。そして、社会の持続可能性が低い状況ができていったといえます。いま私たち「社会的動物」が直面しているのは集団内部の格差の調整に加え、集団外部あるいは環境と人の暮らしの調整という二つの課題なのです。

さて、ここであらためてウェルビーイングとは何かを考えてみたいと思います。ウェルビーイング(Well-being)とは、持続的・共生的に人々がよく生きている状態なのではないでしょうか。日本語では「幸せ」という言葉がもっとも近いのですが、単なる日々の快楽のような感情の状態を越えて、人との協力や共生を目指しながら、長期的な生きがいを実現する、という意味があるところが大きいです(内田 二〇二〇)。**図7-1**では、個人の短期的な幸福という状態から、より長期的で包括的なウェルビーイングまでの深化のグラデーションを表しています。

ここでのウェルビーイングは客観的な状態(健康で経済的に困らず暮らしているか等)ということよりも、むしろ自分の状態を主観的にどうとらえているのか(主観的ウェルビーイング)、あるいは自分が他者や社会に対してポジティブな影響を与えることができているのか(向社会性や社会的「つながり」の提供)を測定することが必要になります。

そうしたウェルビーイングの観点から見てみると、経済状態など、これまでシンプルに考えられてきた「良いもの」が、本当の意味で持続的に良いものであるかをあらためて考えねばならなくなります。

例えば、大石らは、アメリカでは経済格差が広がった年に、幸福度が下がる傾向があることを示しています(Oishi et al. 2011)。経済成長の結果として格差が広がってしまうならば、不満が高まり、そうした不満は治安の悪化など不安な状態を作り出し、結果として全体の状態を悪化させるというわけです。

あるいはGDPの議論で言えば、一定の水準までGDPが高まることは、国全体の幸福度の高さを予測します。しかしながら一定の水準以上になれば、GDPが幸福度を増加させるパワーは落ちてしまいます。いわゆる天井効果があるわけです(Inglehart et al. 2008)。

また、ウェルビーイングを社会全体として保っていくためには、競争だけではなく、生活の充実や生きがいといった、新しい価値を社会が提供していく必要もあります。そういう価値が提供されていない社会のなかでは、人の本質的な向社会性を発揮してもらうのはなかなか難しいといえます。

いま日本社会は人口減少や経済成長の低下がある一方、心身の健康が重視される世の中になってきました。人生一〇〇年時代ということで、多くの方々が元気で長く活躍される時代になっているけれども、経済成長の低下のなかで社会の受け皿はなく、世代間の格差も拡大しているといえます。新たな共生社会に向けたウェルビーイングを、まずは自分たちの社会には何が必要なのか、どんな方策を講じることができるのか、これをしっかり考える必要があります。

1　WEIRDな文化における個人主義と資本主義

ところでみなさんは「WEIRD」という言葉をご存知でしょうか。直訳すると「変な、奇妙な」という単語です。このWEIRDはいま、心理学の分野でよく取り上げられます。「そのデータはWEIRD文化からのデータだ」というように。ここでいうWEIRDとはWestern(西洋の)、Educated(高い教育を受けた)、Industrialized(産業化された)、Rich(裕福な)、そしてDemocratic(民主主義的な)の頭文字をとってつくられた言葉です(Henrich et al. 2010)。

心理学はこころの学問です。人の行動や態度を測定する調査を実施してとりまとめます。しかしこれまで心理学の知見の多くは、アメリカの研究者がアメリカの大学の学生を対象に行った研究結果をもとにしたものが大部分を占めてきたのです(Arnett 2009, Thalmayer et al. 2021)。そしてそうしたアメリカの大学生というある種「特殊な」サンプルから得られたデータから「人間とはこうである」というように普遍的現象として記述しようとしてきました。こうした傾向に対して一部の科学者からは反省的に、偏った一部の「WEIRD」な人たちを対象にした調査の一般化可能性を考えることの重要性が指摘されるようになりました。

WEIRDのアメリカで強く共有されていると考えられる価値の一つが「獲得志向の幸福」です。

社交性や知性、ユニークさ、見た目の良さなどの良い性質を持ち、それらを外に表現していろいろな人脈を築いて機会を拡大させることで幸福が得られるという考え方です。成功のための元手となる良い性質が自分に備わっているという信念が重要になるので、アメリカ、とくにエリート層では自尊心教育に重点が置かれています。

基本的に北米のエリート層は自尊心が高いことが知られていますが、実際筆者がアメリカのミシガン大学で自分についての文章を二〇個作ってもらうという課題を実施したところ、「私は素晴らしい」「才能がある」「とても社交的でよい人間だ」「頭がいい」といったポジティブな表現がたくさんみられました。これは京都大学の学生が「私は頭がいいのか悪いのかよくわからない」「社交的ではないけれども一人になると寂しい」と、あいまいなことを書いていたのとは対照的でした。

北米の社会は流動性が高く、友人などの社会関係、職場、居住地などにも移動が多いです(Schug et al. 2010, Oishi et al. 2013)。自分が新たな機会をみつけてより良い状態になっていくためには、自分のなかに相手に選ばれるような特性やエネルギーを持っておくことが必要となるのでしょう。実際、アメリカでの幸福感は自尊心と強く相関していて、自己の良い側面を見つけ出し、それを表現することの重要性が繰り返し示されています(Diener & Diener 1995, Uchida et al. 2008)。人並みで、そこそこであればよいという幸福感がもたれることが多い日本とはずいぶん異なっています。そうやって自分の良さを見つけることに、とくにエリート層といわれる人たちも必死です。だからこそソーシャル・ネットワークがビジネスツールになるのです。より良い相手とつながっていること、素晴らしい人とつながって認められて「推薦状」を書いてもらえること。そうして社会的に成功すれば、そのステータス・シンボルとしての生活の向上や物質的な満足なども得られるわけです。つまり、獲得的幸福は資本主義モデルであるといえるでしょう。

また、アメリカのトップ大学の学生は、経済的にも恵まれ、幼いころから家庭環境のなかで教養に触れる機会に恵まれており、いわゆる文化資本が高い傾向があります。つまり格差の再生産が起こっているわけです。幼いころに文化資本の構築を可能にするような幅広い経験あるいは社交性を形成し、高等教育機関で絞り込んで勉強してスキルを身に着けることが獲得的幸福感のモデルケースとなっています。実は社交性や文化資本は、集団の選好に関与します。流動性が高い社会のなかで、ある程度豊かな人たちは、社会的地位を確固たるものにするために、人付き合いにおける選択を行います。選び選ばれる状態が発生するなかで、良い他者に選ばれるために、自分は価値ある人間であるというシグナルを提示する必要があります。付き合う相手の選好は、現代のさまざまな社会構成を語るうえでは重要な課題になっています。社会心理学では「関係流動性」と呼ばれるもので、人や社会の状態を説明することが示されています(Thomson et al. 2018)。流動性が高い社会というのは、自分の所属や付き合う相手、あるいは契約先を変えることができる新たな機会が多い社会ともいえます。職業を変えることや引越しをすることがあまりコストにならず、移動により、良い状態を求めることができると人々が信じ、実際に利益を生み出すような社会です。

かつてどのような人を友人だと思うか、ということに関する調査を日米で実施したところ、日本の学生の回答は「趣味が共通している」「苦労をわかってくれる」というものでしたが、アメリカの学生の回答は「自尊心が高いこと」「能力があること」「興味深い人物であること」というものが主流で、付き合う価値があるのかということが重視されていることがわかります。広い教養、オープンなマインド、社交的でスマートな人付き合い、自分が洗練されていることを示すための物質的なシンボルあるいは海外旅行などの経験値を消費しているともいえます。

しかしながら、こうした選択と格差の問題は近年のアメリカの社会病理としても受け止められています(ウィルキンソン&ピケット 二〇二〇)。格差社会のなかでは、たとえ上流にある人もさらなる上流を目指すように仕掛けられ、人々は常に自分の立ち位置についての不安を持っているというのです。

そして流動性が高い社会では、さまざまな機会から自分が何を選び取るかということが大事になってくるため、選択というものに価値が置かれるようになります。スタンフォード大学のヘイゼル・マーカス教授らのチームの研究によると、アメリカの中流階級以上の人たちにとっては、物質選択あるいは職業や居住地などの選択肢があることはステータスを確認することでもあるようです(Stephens et al. 2007)。自分で選んでカスタマイズし、お気に入りのものを見つけて身に着け、ユニークな自分だけのものとしていくという発想です。

社会心理学の有名な理論の一つに「認知的不協和理論」というものがありますが、これはいかに自分の選択が重要視されているかを表している現象ともいえます。この実験パラダイムにおいては、似たような二つの選択肢のうち一つを選ばざるを得ない状況をつくりだすと、人は選んだものを選ばなかったものよりも好きになる、という現象を示しています。自分が選んだものを良いと感じないという感情状態は、自分が選んだという行為や意思決定と不一致になるため、心理的な不協和を引き起こし、人はそれを解消するために選んだ方を好きになるというのです。アメリカでは不協和解消による

「選んだものを好きになる」現象が一貫してみられるようですが、日本ではあまりこうした傾向はありません。むしろ選ばなかった物のほうが、良かったかもしれないと後悔することすらあります(Kitayama et al. 2004)。

ＷＥＩＲＤな文化においては、こうした流動性からくる主体性の重要性あるいは個人主義が優勢であるため、個人が幸せになることが重視されてきました。実際、一九八〇年代から幸福な個人とはどのような人物なのかが盛んに研究されていますが、健康で、良い教育を受けており、収入が多く、楽観的な性格で、自尊心が安定している人が幸福であるという結果がよく論じられています。個人が幸福を追求する権利があり、選択の自由によってそれを手に入れることが推奨されているともいえます。自分の選択肢に対して責任をもって自分で投資し、幸福感を高めていくことが重要視されていますし、また、それが翻って社会を豊かにするという強い信念があるといえます。ただし、選択肢や資源の限られた人々が幸福を追求することは容易ではないという特徴もあります。

こうしたＷＥＩＲＤな北米型の流動性と自由への意識が市場経済原理と組み合わさって、産業革命以降に起こってきた物質消費型経済を牽引してきたと考えられます。もちろんそこから人々は生活の豊かさの上昇や健康の維持という恩恵を受けてきた側面があります。一方で、自然環境の側面からするとデメリットも多々ありました。いまは持続可能な社会づくりに向けての価値の転換点を迎えているという状況です。

2　WEIRDの外からの発信
——日本における協調的ウェルビーイングと指標

ＷＥＩＲＤ文化の獲得的な幸福観は、日本文化においてはあまりなじみがないものかもしれません。日本では、良くも悪くも他者とのバランスを重視し、自分だけが幸せになることに引け目を感じる人が多いようです(Uchida & Kitayama 2009, Uchida et al. 2004)。幸せは物的資本のように拡大を目指して投資して得るものではなく、むしろ関係性のなかで巡り巡ってやってくるものであったり、あるいは人並みの幸せを手に入れることに価値が置かれてきたともいえます。自分だけが突出して幸せになることよりも、他者と分かち合ったり、共存することを重視しているのは、日本のような定住型、低流動型社会にはフィットしたあり方ともいえるのかもしれません。これを私は「協調的な幸福観」と呼んでいます(内田 二〇二〇)。

こうした文化による幸福に対する考え方の違いは、単純な幸福度の比較や世界各国のランキングの解釈にも影響を及ぼしています。いま世界にあるような調査レポートは有名なところではアメリカのギャラップ社が主導している世界幸福度レポート(World Happiness Report)、あるいはＯＥＣＤが主導するBetter Life Indexなどがありますが、これらはいずれもＷＥＩＲＤな文化的文脈で生み出された尺度を用いて幸福感を計測していると言えます。例えば世界各国でよく使われる「人生の満足感尺度」(Diener et al. 1985)では、「大体において、私の人生は理想に近いものである」とか、「望んできたものは手に入れてきた」といった質問で幸福感を測っています。日本の大学生にこの尺度に答えてもらおうとすると、「二〇歳前後でこのような人生を集大成したかのような質問には答えられない」という反応が返ってくるなど、尺度への回答は、日本や韓国で欧米に比べて低くなっています。

こうした尺度の文化的性質を考慮し、獲得的幸福に加えて協調的な幸福も測定できないかと考えて、「人並み・協調的幸福尺度」を開発しました(Hitokoto & Uchida 2015)。この尺度の質問には、「自分だけでなく、身近なまわりの人も楽しい気持ちでいると思う」、「まわりの人たちと同じくらい幸せだと思う」などの項目が含まれています。そしてこの協調的幸福尺度を使うと、日本だけでなく、色々な国で同じくらいの結果が出ることがわかってきました。協調的な幸福感は色々な社会で理解できるものであるともいえるわけですが、従来の幸福感の定義では見落とされていたものでもあります。

そう考えると、「ものさし」をどうするのかというのはとても難しく、かつ重要な問題であることがわかります。主観的な部分については、楽しさや幸せをどのぐらい感じているのかというポジティブ感情、逆にストレスや不安などのネガティブ感情、そして人生に対する評価指標もあります。この主観指標は、心理学の知見の集大成としての妥当性や信頼性が検討されて、多くの調査に反映されています。主観指標はその時々の感情や快楽(ヘドニア：hedonia)と、人生における意義や価値(ユーダイモニア：eudaimonia)に分けることもできます。大変なプロジェクトを任されて、仕事を懸命に頑張っているとしましょう。その日その日の状態は「しんどい、苦しい」と、ヘドニック的にはネガティブかもしれないけれども、その仕事には意義や価値があると思っていると、ユーダイモニック的には良い状況であるとも考えられるわけです。先ほど紹介した物質的な消費はよりヘドニアな要素が強く、ユーダイモニアは人生における生きがいなどをもたらすような経験や人との大切なかかわり、あるいは教育などの他者に価値を伝えるような活動から得やすいものではないかと考えられています。協調的な幸福も、どちらかといえば穏やかで継続的なユーダイモニアに近い次元であるということもできるかと思います。

協調的な幸福観は、脱物質社会の新しい価値として、注目が高まりつつあります。これまで西洋型の個人の幸福に焦点が当てられてきた先述の世界幸福度レポートにおいても、二〇二二年の報告書からはBalance and Harmony（調和と協調）のチャプターが追加されました。調和と協調に根差したウェルビーイングと、個人のモティベーションを上げる獲得志向型のウェルビーイングは、対立する概念ではなく、むしろ共存可能なものでしょう。個人のウェルビーイングの求め方は多様ですし、人によっては獲得志向が強い性質を持っている、あるいは人生においてそのようなステージにある、といったこともあるでしょう。こうした多様なウェルビーイングの追いかけ方を包摂できるような社会の仕組みこそが、いま問われているともいえます。

3 脱物質消費駆動型社会における
ウェルビーイングと心の豊かさ

さてこうした日本文化における協調的な幸福感は、グローバル化とともにどのように変化しているのでしょうか、こうした問いを投げかけられることがあります。

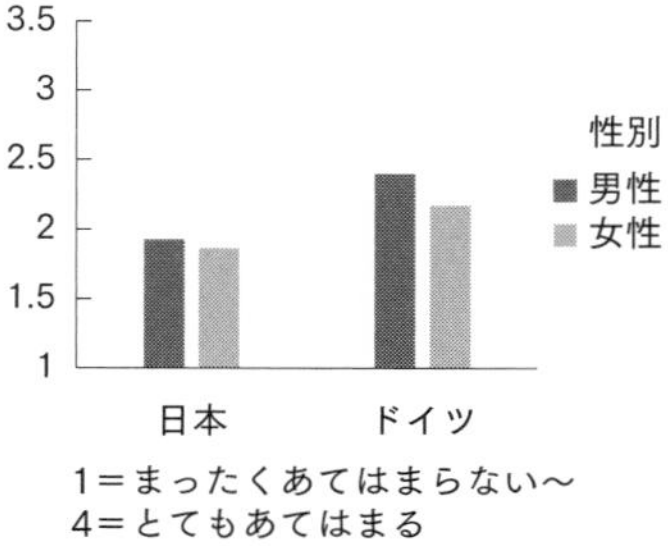

図 7-2 「持っていることがステータスとなるから購入する」程度

博報堂がこれまで定点的な調査を行ってきているようですが、従来のモノ消費型経済から、コト消費のような経験重視型、さらには人と一緒に生み出すようなシェアという考え方に、関心が向いているという分析が報告されていました(https://www.hakuhodo.co.jp/magazine/85508/)。これはとても面白い現象だと思いますし、近年の消費者としての実感にも合っているように思います。

バブル期などには人生の成功と、物質的に豊かなものを持っているということが連動していました。ブランド品を持つこと、国産車ではなく海外の車に乗ること、広くて大きな家に住んだり、ブランド化されている土地に住まうことなどが自分のステータス・シンボルとして機能していたのです。しかしいまは車もシェアカー、レンタカーで十分であると考える傾向があらわれてきています。こうしたことを一部の人たちは「欲望が減じられている」と嘆くことがあるようですが、価値観の転換としては十分に納得できる現象だと思います。例えば子育てにおいても、子供にブランドの服を着せるよりは、むしろいろいろな体験をする機会を提供することにお金を使いたいと考える傾向があるようです。

今回の「資本主義経済の再構築としてのＳＤＧｓ研究会」での日

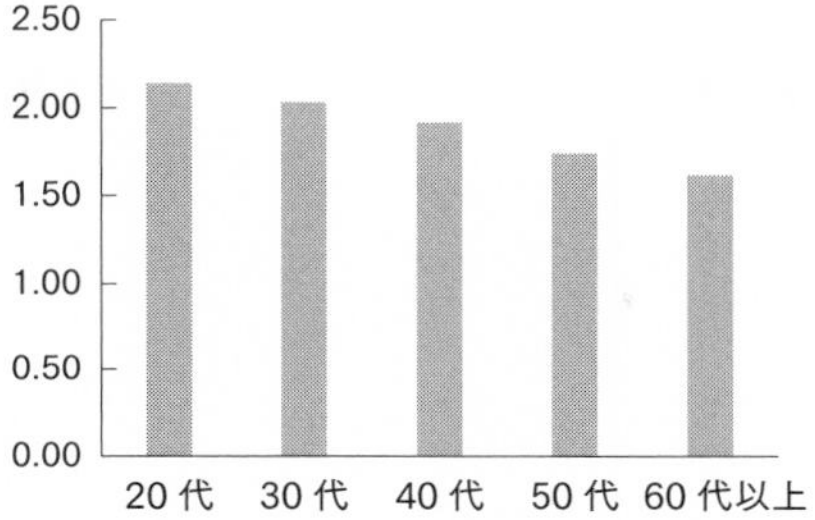

1＝まったくあてはまらない〜4＝とてもあてはまる

図7-3　ステータス購入の年代別平均値（日本）

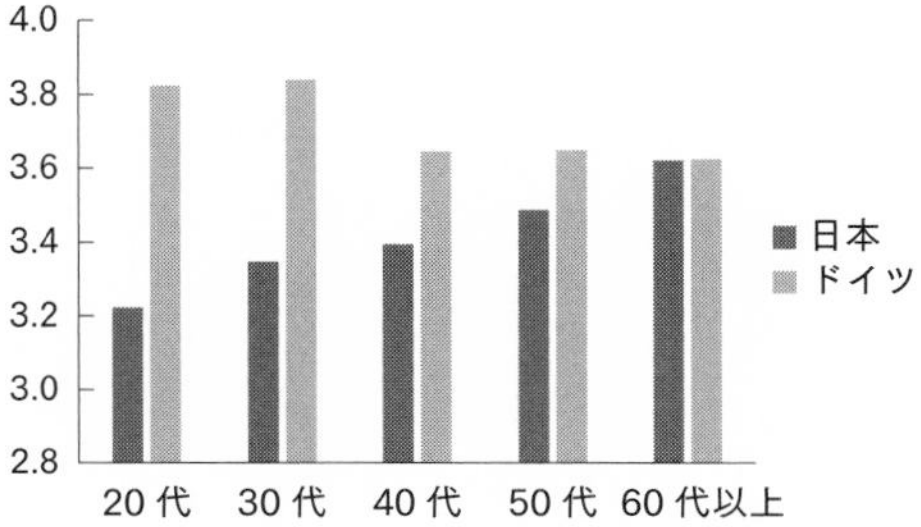

1＝まったくあてはまらない〜4＝とてもあてはまる

図7-4　便利さ我慢の平均値

独比較調査で「持っていることがステータスとなるから物品を購入する」ということにどれだけあてはまるかを回答してもらったところ（巻末資料参照、Q5－3）、日本ではドイツよりも男女とも低い傾向がありました（図7－2）。

また、日本でのこうした傾向（脱ステータス購入）は若者の意識というよりも、むしろ世代を追うごとに強化されていることもわかります（図7－3）。

物質消費が快楽的であるとすれば、経験消費は人生の意義や価値に触れる機会に近い性質があるでしょう。ただ、物質消費と経済消費は完全に弁別できるものではないので、あまり単純化して考えないほうが良いことには注意も必要です。

経験価値は、個人での経験というよりは、他者との協同あるいは自然に触れることなど、自他の関係や人と自然、動物との関係において注目されているようにも思います。シェア型の経済や持続可能性への意識は若い世代の方がより敏感であるというのはこうした価値観の変化にもよるところがあると思います。

もともと日本の社会は、自然に対して畏怖と畏敬の念を感じる傾向があります。自然は自分たちが力でコントロールするものというよりは、むしろ自然のなかの恵みや、その力を畏れ敬い、その恩恵に感謝するというものです。物質経済のなかでは自然への畏怖がやや置き去りにされてきましたが、いま各ブランドは逆に自然との共生による付加価値をつけて自分たちのブランドが持つ力を変化させています。日本における自然への畏怖畏敬の念は、こうした消費のあり方を促進するものとなるかもしれません。

しかしながら、こうした意識とは裏腹に、「次世代に豊かな自然・環境を残すために、あなたは現在の自分の消費や便利さを我慢しますか」「次世代に経済的な重荷を負わせないために、あなたは現在の自分の消費や便利さを我慢しますか」という項目を日独で尋ねてみると(Q10－2、Q10－3)、こうした意識はドイツで日本より高く、また、ドイツでは若い世代がむしろ高いことに比較すると、日本の若い世代でややその意識が低い傾向があります(図7－4)。また、年齢や国の効果とは別に、便利さを我慢できる人はより幸せな人であるということもわかりました。次世代のために何ができるのかを考えることは、今後日本の生活のなかで諸課題を乗り越えていくうえで重要になるかもしれません。

4　個人と場の共創

そもそも日本のウェルビーイングは協調的な特性を持っています。自分の状態は他者の幸せに影響し、さらには場の空気感をつくりだす、ということに敏感でもあります。とくに地域コミュニティにおいて、ウェルビーイングは個人のなかで完結するものではないということもできるでしょう。

しかしこのようなウェルビーイングの性質は、ややもすると横並び主義や排他性にもつながりかねません。そうしたリスクをなるべく少なくし、風通しがよく暮らしやすい地域づくりをしていくためのヒントはないでしょうか。この点について筆者らは科学技術振興機構（ＪＳＴ）の社会技術研究開発センターが運営する「地域の幸福の多面的側面の測定と持続可能な多世代共創社会に向けての実践的フィードバック」というプロジェクトを二〇一五年より五カ年にわたり実施しました。一〇〇世帯程度の集合体である「集落・まち」四〇〇程度をサンプリングして調査対象とし、コミュニティのあり方や、住民のウェルビーイングを支える要因について分析してきたのです。

地域のウェルビーイングは、個人のレベルでいえば、住んでいて快適であることや、健康が保たれること、人との適切な交流が得られることなどが大切な要素となるでしょう。一方でマクロなレベルでいえば、良い地域ガバナンス機能があることや、教育や福祉の充実、自然環境との共生をはかることができる機会があること、そして風通しが良い社会的ネットワークがあることが重要だと考えられます。

この調査からまず見えてきたのは、地域の人々のウェルビーイングが、人々の向社会的行動および社会関係資本と相互に高め合っているということでした。向社会的行動とは、地域の人や地域社会に対して主体的に提案を行ったり、祭りやＰＴＡ活動など地域への貢献活動を行ったりして、コミュニティにおける役割意識を持っていることを指します。向社会的行動、社会関係資本が高い地域では、住民のウェルビーイングが高まり、それがさらなる向社会的行動と社会関係資本の形成を促すという循環関係を見出すことができました。ただし、仮説設定の段階では、たとえこれら三つの要素に循環関係があっても、外部に対して排他的になってしまったり、閉鎖的になってしまう側面もあるのではないかという懸念もありました。そこで、実際に開放性について解析をしたところ、本当の意味で社会関係資本があり信頼関係に支えられている地域では、地域外の人や、地域内でも年齢や職業、性別が異なる人に対して寛容な空気があったのです。逆に言えば、多様性と開放性に問題があると、自分たちのなかだけで誰かに評価されることをおそれ、ともかく規範を遵守しようとか、先例主義で無難にこなしておこうというような空気が生まれてしまいます。多様な人が地域づくりにかかわることによって、新しいアイディアを得たり、自分たちの地域から外に向かって発信することもできるようになるということでしょう。

社会関係資本は近年大変注目が集まっている概念です（パットナム 二〇〇六）。社会関係資本には結束型と橋渡し型という二種類が存在することが知られています。結束型は集団の内側における信頼関係で、橋渡し型は外の集団に属する人とのあらたなつながりです。とくに、橋渡し型の社会関係資本に支えられた開放的な社会づくりは、今後のウェルビーイングを考えるうえで、重要ではないかと思います。岡檀氏は著書『生き心地の良い町』のなかで、自殺率がとても低い徳島県海部町(現海陽町)には、自殺率の高い同規模の町よりも、緩いつながりが存在していることを論じています。海部町の人々は、見知らぬ相手に信頼感を持ちやすく、また、義務感に縛られている傾向は少なかったそうです。

社会関係資本に注目が集まる背景の一つとして、日本の地域の人口減少が進み、それゆえに共助のシステムによる持続可能性が重要視されていることが挙げられます。これまでの経済的価値から考えれば労働人口の確保や経済的な価値創出というものが地域創生に必須と考えられ、そうすると、いまの日本の地域のほとんどは非常な困難を抱えているということになります。それゆえに、「限界集落」などの言葉に代表されるように、いくつかの地域は消滅するのではないかという危機感が蔓延していました。地域においてはもちろんこうした危機感が共有されつつも、必ずしもこれまでの経済指標や労働力確保ということから見た「ネガティブな地域」という知覚に基づく悲壮感ばかりが広がっていったわけではありません。現在地域で起こっているのは、開かれた地域をつくって地域の応援団を増やしていくことなど「新しい関係づくり」です。小さいコミュニティであるからこその安心感や意思決定への機動力、住民参加の具体性が存在する利点があります。以前のような義務感に基づく地域づくりから脱却し、「楽しい地域づくり」を目指すところが増加しつつあり、そうしたところがロールモデルにもなっていると思います。それゆえに、新たな価値である「ウェルビーイング」を地域の状態の測定や持続可能性に向けた議論に盛り込もうとする動きも出てきているのでしょう。

筆者が研究プロジェクトでお世話になった京丹後市大宮町では、公民館を拠点としたさまざまなイベントが行われ、まちづくりに外の目線も入れながら新しい風を吹き込むことに尽力していました。一方で調査を行ってみると、農業地域でもある大宮町は、農業に関連する集まりでの社会ネットワークが重要であることもみえてきました。つまり、新しい社会関係資本と、その土地の生業に根差したような伝統的な社会関係資本が共存している状態にあるともいえるのです。この共存関係をどのように展開させていくのかというのがこれからの日本の地域コミュニティではカギになってくるかもしれません。

地域についての研究は近年、文理融合に特化した研究として実施されています。かつては人類学的研究や民族学的調査、あるいはコミュニティづくりなどの実践研究的なところからのアプローチが多かったのですが、いまや地域の研究は大きな広がりを見せているといえます。疫学や心理学、経済学、都市計画などもその一つです。近年のスマートシティ構想とのかかわりのなかで、地域の状態や住民の交流などもさまざまな形で計測できる未来がすぐそこにきています。そうしたなかでウェルビーイングは何かということをあらためて定義し、考えておかないと、間違った方向に進んでいってしまうということも十分にあり得ます。

総じていえば、地域の幸福を実現するためには、自分の幸せがつながりや向社会性を通して、周りにも上手く伝播する状態やシステムをつくっていくことが大切です。そのために結束型と橋渡し型の両方を持ち、寛容さと開放性を備えた地域とすることが鍵となっていくでしょう。「お互いの幸せが影響し合う、だからこそ自分の幸せを周りの幸せにつなげていこう」というウェルビーイングの循環的な関係性への気づきが、地域に貢献しようとする向社会的な意識を身に付けることにもつながるかもしれません。こうした地域づくりの実現のためには、高齢者から若者、あるいは地域に住む人や、かつて住んでいていまは離れている人、時々地域を訪れる人たちなど、多様な人を巻き込んでいくことになるでしょう。

ウェルビーイングには自ら道を切り開き、目標を達成するという獲得的な方向性と、人とのつながりや日常生活に感謝し、自然との調和に注意を向ける協調的な方向性があることを述べました。とくに後者は日本が強みとしてきたもので、これからの社会においてはこれらのバランスと、循環型で共生できるような方向性が必要となっています。

人々が地域という拠点を必要とし、また、その拠点に住まうことで感じる生きがい、あるいは得られる健康というのは、ＧＤＰのような経済価値や人口規模だけでは測定できません。むしろ、人が安心して暮らせているという実感や、それを支える要因となりうるような他者とのソーシャル・キャピタルなど、新しい観点で考えていくときが来ているのだと思います。

私たちは総じて他者から受ける影響には敏感ですが、自分が他者に与える影響には多少鈍感なところがあります。自分ができることは小さいと考えたり、他者に知らず知らずのうちに与えてしまう感情の伝播の効果を低く見積もりがちです。しかしながら、私たちの行動や感情は、周囲にいる人たちに影響し、それが積もり積もることで、その場所の空気感をつくることがあります。だからこそ、一人ひとりのちょっとした行動や言動が、ぐるぐるとめぐって、また自分にかえってくることもあるのだということを意識することが大切ではないでしょうか。

参考文献

リチャード・ウィルキンソン、ケイト・ピケット、川島睦保訳 二〇二〇、『格差は心を壊す――比較という呪縛』東洋経済新報社。

内田由紀子 二〇二〇、『これからの幸福について――文化的幸福観のすすめ』新曜社。

岡檀 二〇一三、『生き心地の良い町――この自殺率の低さには理由《わけ》がある』講談社。

ロバート・D・パットナム、柴内康文訳 二〇〇六、『孤独なボウリング――米国コミュニティの崩壊と再生』柏書房。

Arnett, J. J. 2009, "The neglected 95%, a challenge to psychology's philosophy of science", *The American Psychologist*, 64(6), pp. 571-574.

Diener, E., & Diener, M. 1995, "Cross-cultural correlates of life satisfaction and self-esteem", *Journal of Personality and Social Psychology*, 68(4), pp. 653-663.

Diener, E., Emmons, R. A., Larsen, R. J., & Griffin, S. 1985, "The satisfaction with life scale", *Journal of Personality Assessment*, 49(1), pp. 71-75.

Henrich, J., Heine, S. J., & Norenzayan, A. 2010, "The weirdest people in the world?", *The Behavioral and Brain Sciences*, 33(2-3), pp. 61-83.

Hitokoto, H., & Uchida, Y. 2015, "Interdependent happiness: Theoretical importance and measurement validity", *Journal of Happiness Studies*, 16(1), pp. 211-239.

Inglehart, R., Foa, R., Peterson, C., & Welzel, C. 2008, "Development, Freedom, and Rising happiness", *Psychological Science*, 3(4), pp. 264-285.

Kitayama, S., Snibbe, A. C., Markus, H. R., & Suzuki, T. 2004, "Is there any 'free' choice?: Self and dissonance in two cultures", *Psychological Science*, 15(8), pp. 527-533. https://doi.org/10.1111/j.0956-7976.2004.00714.x

Oishi, S., Kesebir, S., & Diener, E. 2011, "Income inequality and happiness", *Psychological Science : A Journal of the American Psychological Society / APS*, 22(9), pp. 1095-1100. https://doi.org/10.1177/0956797611417262

Oishi, S., Kesebir, S., Miao, F. F., Talhelm, T., Endo, Y., Uchida, Y., Shibanai, Y., & Norasakkunkit, V. 2013, “Residential mobility increases motivation to expand social network: But why?”, *Journal of Experimental Social Psychology*, 49(2), pp. 217–223.

Schug, J., Yuki, M., & Maddux, W. W. 2010, “Relational mobility explains between- and within-culture differences in self-disclosure to close friends”, *Psychological Science*, 21(10), pp. 1471–1478.

Stephens, N. M., Markus, H. R., & Townsend, S. S. M. 2007, “Choice as an act of meaning: the case of social class”, *Journal of Personality and Social Psychology*, 93(5), pp. 814–830.

Thalmayer, A. G., Toscanelli, C., & Arnett, J. J. 2021, “The neglected 95% revisited: Is American psychology becoming less American?”, *The American Psychologist*, 76(1), pp. 116–129.

Thomson, R. et al. 2018, “Relational mobility predicts social behaviors in 39 countries and is tied to historical farming and threat”, *Proceedings of the National Academy of Sciences*, 115(29), pp. 7521–7526. https://doi.org/10.1073/pnas.1713191115

Uchida, Y., & Kitayama, S. 2009, “Happiness and unhappiness in east and west: Themes and variations”, *Emotion*, 9(4), pp. 441–456.

Uchida, Y., Kitayama, S., Mesquita, B., Reyes, J. A. S., & Morling, B. 2008, “Is perceived emotional support beneficial? Well-being and health in independent and interdependent cultures”, *Personality & Social Psychology Bulletin*, 34(6), pp. 741–754.

Uchida, Y., Norasakkunkit, V., & Kitayama, S. 2004, “Cultural constructions of happiness: theory and emprical evidence”, In *Journal of Happiness Studies*, 5(3), pp. 223–239.

https://www.hakuhodo.co.jp/magazine/85508/（二〇二二年一二月一七日閲覧）

8 持続可能なライフスタイルを選択できるのか
──日独のアンケート調査の分析より

駒村康平

1　幸福度、環境政策の評価について

温暖化の緩和・適応のコストを低所得者・貧困層に集中させず、社会全体で広く負担し、公正な移行を現実のものにするためには、排出量の多い先進国のライフスタイルを、持続可能なものに変更することが必要です。

では、温暖化を止めるためにはライフスタイルをどの程度変化させないといけないのでしょうか。地球環境戦略研究機関「一・五℃ライフスタイル──脱炭素型の暮らしを実現する選択肢」(二〇二〇年)は一・五度目標に対応する世界共通の一人あたりのフットプリント(消費する資源量を図像化したもの)目標を提示しています。その目標のもとでは、日本人はライフスタイル・カーボンフットプリントを二〇三〇年までに六七%、二〇五〇年までには九一%削減する必要があるとされています。つまり相当の生活様式の変革が求められているということです。

The World Inequality Lab の World Inequality Report 2022 は、家庭のエネルギー使用量の削減、

自動車の所有、および四分の三以上の飛行距離の削減が必要であるとしています。人々は実際に「持続可能なライフスタイル」、「公正な移行」を理解し、地球環境、温暖化・気候変動や関連する政策について、どのように評価しているのでしょうか。

もし所得や年齢、性別、社会との関わり、幸福度によって環境政策に関する評価が異なる場合、今後行われる温暖化対策では、さまざまな人々の理解を得る必要があります。国民への理解を求めず、産業・企業のみを念頭に置いた政策が実施されれば、環境政策に関わる最終的な費用負担をめぐり、社会の対立が深刻化する可能性があります。現在、日本で進められている温暖化・気候変動対策は、もっぱら企業向けの政策で、最終的に費用を負担し、生活に影響を受ける国民の理解や負担には十分、向き合っていると言えません。

そこで、国民の生活状況、社会関係、幸福度そして環境政策に関する評価などについて、日独で各一、〇〇〇人の市民を対象にアンケート調査を行いました(調査概要は巻末資料参照)。サンプリングは、それぞれの国における性・年齢構成になるべく合致するように割り当てを行いました。

2 日独アンケート調査の概要と分析結果

(1) 統計からみる社会経済状況

まず、公的統計で両国を比較しましょう。人口動態については、日本はすでに死亡者数が出生者数を上回り、人口減少が続いています。二〇二二年九月に総務省が発表した高齢化率(六五歳以上人口比

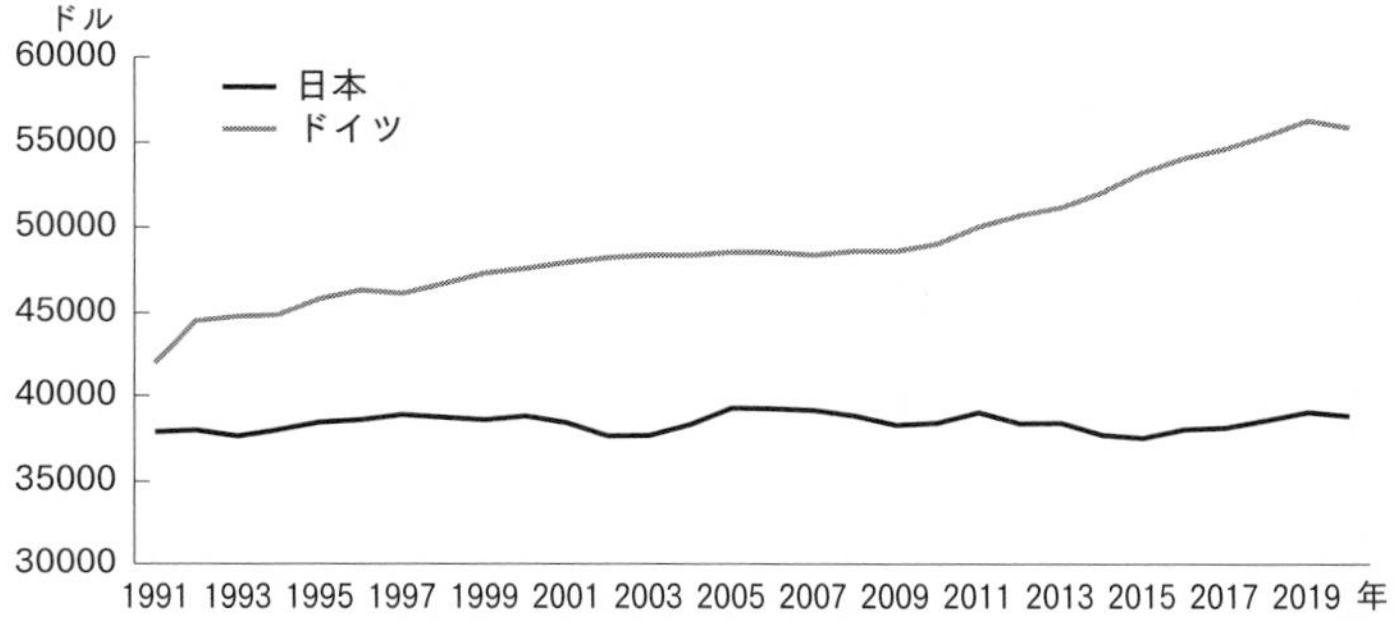

図 8-1　賃金動向(ドルベース)

出典：OECD Data より作成.
注：平均賃金は，国民経済計算に基づく総賃金総額を経済全体の労働者数で割り，フルタイム従業員 1 人あたりの平均通常週時間を掛けて計算しました．この指標は，2016 年の基準年と同じ年の個人消費の購買力平価(PPP)を使用して，米ドルに換算して計算しました．

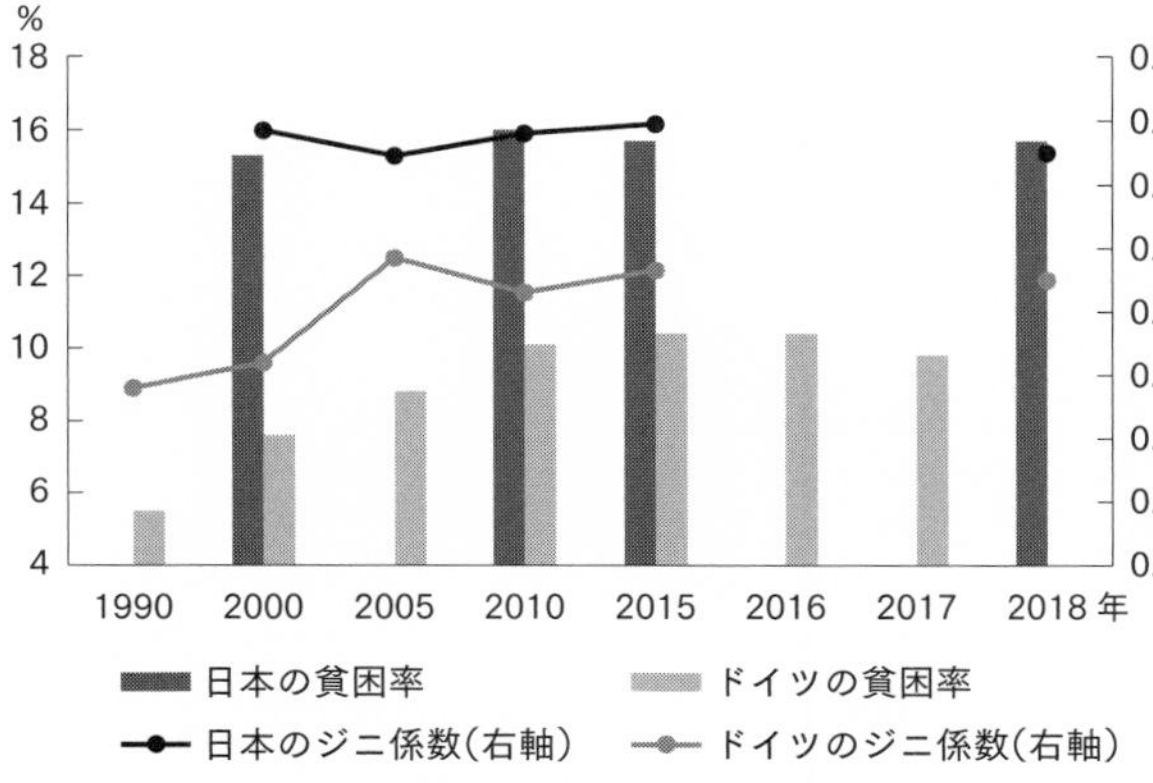

図 8-2　相対的貧困率とジニ係数

出典：OECD Data より作成.

率)は二九・一%で、三〇%に接近しつつあります。他方、ドイツも長期にわたって死亡者数が出生者数を上回り、自然減になっていましたが、最近は出生率が回復傾向にあることと、移民の流入により人口はほぼ維持できています。また二〇二二年現在のドイツの高齢化率は二二・二%です。

次に両国の賃金を比較すると、日本は九〇年代半ば以降、三〇年近くにわたって実質賃金は伸び悩んでいます。他方、ドイツの賃金は上昇を続けており、両国の賃金差は大きく広がっています(図8-1)。また貧困率や格差(ジニ係数)を比較すると、日本のほうがいずれも高いことが確認できます(図8-2)。

(2) 分析手法

回答状況については、「とても知っている(そう思う)=4点、やや知っている(そう思う)=3点、あまり知らない(そう思わない)=2点、全く知らない(そう思わない)=1点」としてその加重平均値を、**表8-1**で「回答数値」として表記し、またそれぞれの回答割合も示しました。

分析に使用した被説明変数、説明変数の定義は巻末に掲載した参考資料の**付表2**および**付表3**の通りです。分析は、クロス集計、多変量解析を用いました。多変量解析は、被説明変数の性格に応じて、被説明変数が1か0の場合は二項ロジットモデル、連続変数の場合は重回帰分析、順序に意味のある回答の場合(1、2、3、4)は、順序ロジットモデルで分析を行いました。

多変量解析の結果も説明しますが、紙幅の関係で、推計値は示しません。また基本的には統計的に有意(1%水準)であった変数の効果のみについて言及します。つまり、有意な効果のなかった変数には言及していません。なお「年齢、性別(女性)が回答率を引き上げる」と言う場合、若い人より年輩のほうが回答率が高い、男性より女性のほうが回答率が高い、という意味です。

(3) 生活状況

分析に使用した国民生活に関するデータを見てみましょう。

① 所得分布

図8-3の通り、日独で所得分布はほぼ変わりません。なお、平均所得は、両国とも世帯所得で、世帯人数が調整されていない点に留意する必要があります。また所得分布も標準偏差と分散は両国で近い数字となっており、所得のバラツキもほぼ一緒です(表8-2)。

本調査のジニ係数は日本が0.361に対し、ドイツは0.376と、ドイツがやや高くなっています。OECDの公表値では、二〇一九年時点のジニ係数は、日本は0.33、ドイツは0.3となっており、OECD公表値よりもジニ係数が高いサンプルとなっています。(1)

② 世帯属性

次に、回答者の年齢分布を一〇歳刻みで確認しましょう。ただし、インターネット調査の特性から、両国とも高齢者のウェイトはやや低めとなっています。

図8-4でみるように両国とも類似の年齢分布ですが、日本は四〇歳代が、ドイツは五〇歳代が最も多い年齢分布になっています。

表 8-1　各質問項目の回答数値と回答分布

		日本(%)	ドイツ(%)
Q1	「SDGs」※という言葉や活動を知っていますか．	100%	100%
1	とても知っている	11.5	12.0
2	やや知っている	52.1	21.5
3	あまり知らない	21.3	21.0
4	全く知らない	15.1	45.5
	回答数値	**2.60**	**2.00**
Q2	学校，会社(企業)，行政，自治体，地域などがおこなっているSDGsの活動は，持続可能性に役立つと思いますか．	100%	100%
1	とてもそう思う	16.0	34.3
2	ややそう思う	56.4	52.5
3	あまりそう思わない	23.0	10.1
4	全くそう思わない	4.6	3.0
	回答数値	**2.84**	**3.18**
Q3-1	あなたは地球温暖化(急激な気候変動)について人間の活動が引き金であると思いますか．	100%	100%
1	とてもそう思う	33.5	47.1
2	ややそう思う	41.6	35.3
3	あまりそう思わない	15.2	11.9
4	全くそう思わない	9.7	5.7
	回答数値	**2.99**	**3.24**
Q3-2	地球温暖化での気候変動・異常気象による干ばつや洪水，海面上昇などの自然災害が発生しています．これまで温室効果ガスを大量に発生させ，地球温暖化の原因を作った先進各国は，開発途上国のそれらの損害に対して費用の補償をすべきでしょうか．	100%	100%
1	とてもそう思う	10.9	31.3
2	ややそう思う	50.4	42.5
3	あまりそう思わない	27.8	16.9
4	全くそう思わない	10.9	9.3

		日本 (%)	ドイツ (%)
	回答数値	**2.61**	**2.96**
Q4	古着やリサイクル品を買うことに抵抗感はありますか.	100%	100%
1	とてもそう思う	11.2	12.8
2	ややそう思う	30.5	22.6
3	あまりそう思わない	40.6	33.9
4	全くそう思わない	17.7	30.7
	回答数値	**2.35**	**2.18**
Q7	あなたは食品についてオーガニックにこだわりがありますか.	100%	100%
1	とてもあてはまる	1.9	19.9
2	ややあてはまる	16.9	35.7
3	あまりあてはまらない	45.4	26.6
4	全くあてはまらない	35.8	17.8
	回答数値	**1.85**	**2.58**
Q10-1	あなたは「仕事」を選択するときに,「社会や人に役立ち,やりがいを感じる仕事」かどうかを意識しますか.	100%	100%
1	とてもあてはまる	9.8	25.7
2	ややあてはまる	45.6	33.1
3	あまりあてはまらない	31.9	20.4
4	全くあてはまらない	12.7	20.8
	回答数値	**2.53**	**2.64**
Q10_2	次世代に豊かな自然・環境を残すために,あなたは現在の自分の消費や便利さを我慢しますか.	100%	100%
1	とてもあてはまる	6.2	19.3
2	ややあてはまる	44.0	46.9
3	あまりあてはまらない	38.0	23.9
4	全くあてはまらない	11.8	9.9
	回答数値	**2.45**	**2.76**

		日本（%）	ドイツ（%）
Q10_3	次世代に経済的な重荷を負わせないために，あなたは現在の自分の消費や便利さを我慢しますか．	100%	100%
1	とてもあてはまる	6.0	16.4
2	ややあてはまる	41.6	44.9
3	あまりあてはまらない	39.3	27.8
4	全くあてはまらない	13.1	10.9
	回答数値	**2.41**	**2.67**
Q12	あなたはフードロスについて意識していますか．	100%	100%
1	とてもあてはまる	20.7	58.6
2	ややあてはまる	48.1	33.7
3	あまりあてはまらない	20.1	5.1
4	全くあてはまらない	11.1	2.6
	回答数値	**2.78**	**3.48**
Q13	あなたはプラスチック削減を意識していますか．	100%	100%
1	とてもあてはまる	18.4	40.1
2	ややあてはまる	47.9	44.0
3	あまりあてはまらない	21.0	12.0
4	全くあてはまらない	12.7	3.9
	回答数値	**2.72**	**3.20**
Q14-1	あなたは社会貢献活動のボランティアをしたことがありますか．	100%	100%
1	とてもある	5.3	19.2
2	多少ある	23.1	25.3
3	あまりない	28.2	22.9
4	全くない	43.4	32.6
	回答数値	**1.90**	**2.31**
Q14-2	あなたは社会貢献活動としてのチャリティ（寄附）をしたことがありますか．	100%	100%
1	とてもある	6.1	18.8
2	多少ある	34.0	40.6

		日本（%）	ドイツ（%）
3	あまりない	29.9	24.1
4	全くない	30.0	16.5
	回答数値	**2.16**	**2.62**
Q14-3	あなたは献血をしたことがありますか.	100%	100%
1	とてもある	12.4	20.2
2	多少ある	28.9	21.1
3	あまりない	20.0	14.6
4	全くない	38.7	44.1
	回答数値	**2.15**	**2.17**
Q15-1	あなたは今後のエネルギーとして何に重きを置きますか. ／原子力	100%	100%
1	重くする	10.1	21.4
2	やや重くする	29.9	22.8
3	やや軽くする	36.0	27.7
4	軽くする	24.0	28.1
	回答数値	**2.26**	**2.38**
Q15-2	あなたは今後のエネルギーとして何に重きを置きますか. ／火力(石炭・石油・天然ガス)	100%	100%
1	重くする	5.4	11.2
2	やや重くする	23.8	20.8
3	やや軽くする	48.8	35.7
4	軽くする	22.0	32.3
	回答数値	**2.13**	**2.11**
Q15-3	あなたは今後のエネルギーとして何に重きを置きますか. ／再生エネルギー(太陽光・水力・風力・地熱・バイオマスなど)	100%	100%
1	重くする	34.2	59.3
2	やや重くする	43.4	28.1
3	やや軽くする	16.7	8.9
4	軽くする	5.7	3.7
	回答数値	**3.43**	**3.06**

		日本 (%)	ドイツ (%)
Q15-4	あなたは今後のエネルギーとして何に重きを置きますか．／節電・省エネ	100%	100%
1	重くする	35.7	45.2
2	やや重くする	44.3	40.1
3	やや軽くする	13.9	9.2
4	軽くする	6.1	5.5
	回答数値	**3.10**	**3.25**
Q16	あなたは使用電力の抑制のために，使用電力に応じて課税するなどの対策について必要だと思いますか．	100%	100%
1	とてもそう思う	7.0	17.1
2	ややそう思う	38.4	41.4
3	あまりそう思わない	36.2	28.1
4	全くそう思わない	18.4	13.4
	回答数値	**2.34**	**2.62**

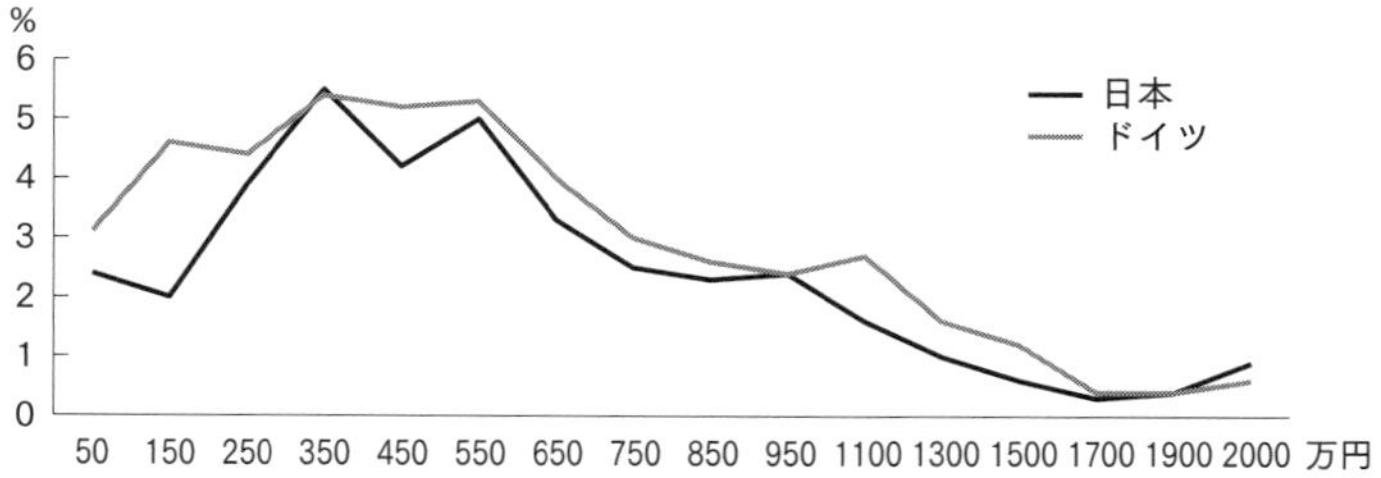

図 8-3　世帯所得

表 8-2　世帯所得

	日本の所得金額(万円)	ドイツの所得金額(万円)
平均値	602.4	592.3
中央値	550.0	550.0
標準偏差	415.1	413.6
分散	172283.3	171104.5

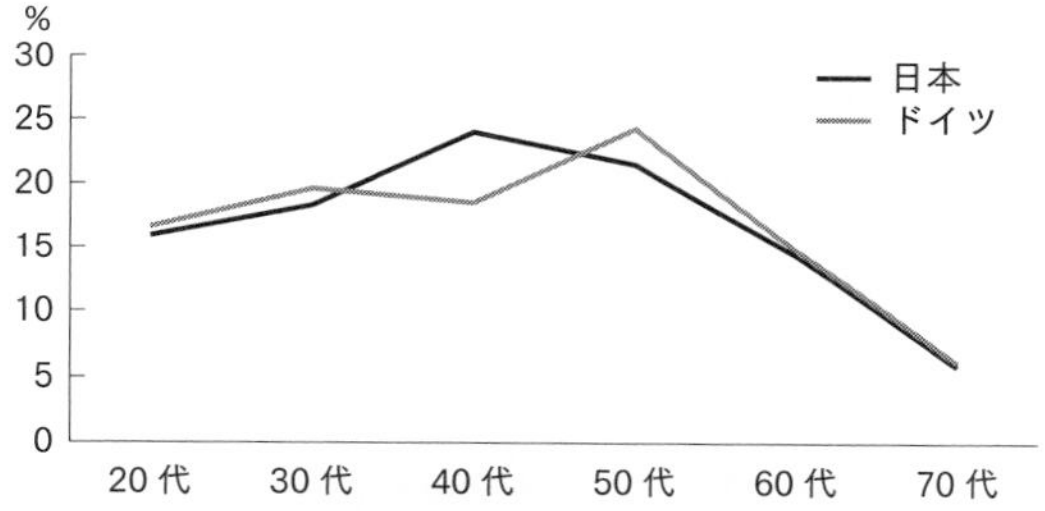

図 8-4　回答者の年齢

性別については、日本は男性四九・七%、女性四九・五%(無回答〇・八%)、ドイツは男性五〇・五%、女性四九・二%(無回答〇・三%)でした。また婚姻状況については、有配偶者の割合は、日本は五一・五%、ドイツは五四・七%で大差はありません。

非正規労働者の割合(自営業、学生、無職(失業・退職者・専業主婦等を除いた、全労働者に占める割合)は、日本は四二・三%、ドイツは二二・三四%でした。ＪＩＬＰＴ(労働政策研究・研修機構)の「データブック国際労働比較(二〇二二)」による短時間労働者の割合は、ドイツは二〇一九年で二二%、日本は二二・五%となっています。[2] ドイツの調査対象者は統計値とほぼ同じでしたが、日本については、現実の社会よりも大幅に非正規労働者の割合が高い結果となりました。これは本調査では短時間労働者だけではなく、有期労働者も非正規労働者に分類していることも一因と考えられます。

労働組合加入率は、労働者全体（自営業、学生、無職（失業者・退職者・専業主婦等を除く））に占める労働組合加入者の割合としましたが、日本は二六・九％で、ドイツは三三・二％でした。統計値でみる日本の労働組合加入率は二〇二二年（厚生労働省「令和四年労働組合基礎調査の概況」）では一六・五％、ドイツは二〇一九年で一六・三％[3]と、本調査の労働組合加入率は統計データより高くなりました。

（4）仕事の意義、向社会・利他的行動

①仕事の選択時に意義を重視するか

「あなたは「仕事」を選択するときに、「社会や人に役立ち、やりがいを感じる仕事」かどうかを意識しますか」については、表8－1で見るように、「とてもあてはまる」が日本は九・八％にとどまったのに対し、ドイツは二五・七％と、かなり異なりました。回答数値は日本二一・五三、ドイツ二一・六四で、より重視している人が多い結果となりました。

この仕事の意義の高さとの関連性を順序ロジットモデルで分析すると、ドイツは「若い」、「労働組合に加入している人」ほど仕事の意義を重視していることが確認されました。一方、日本はドイツのような変数は統計的に有意な結果とはならず、「世帯所得が高い人」ほど仕事の意義を重視している傾向があることが確認できました。

②ボランティア経験、寄附、献血などの利他的行動の経験

・ボランティア経験　「あなたは社会貢献活動のボランティアをしたことがありますか」については、

ドイツに比較して日本は「とてもある」は少なく、「全くない」が多く、回答数値も日本は一・九〇、ドイツは二・三二となり、日本はドイツよりもボランティア経験がかなり少ないことがわかりました。順序ロジットモデルの結果では、ドイツは世帯所得が高い人、労働組合に加入している人ほどボランティアの頻度が高いことがわかりました。他方、日本は影響を及ぼす変数はありませんでした。

・寄附（チャリティ）経験　「あなたは社会貢献活動としてのチャリティ（寄附）をしたことがありますか」についても、ほぼボランティアと類似の傾向があり、回答数値は日本は二・一六、ドイツは二・六二となり、ドイツのほうがチャリティ（寄附）の頻度が高いことが分かりました。順序ロジットモデルでは、ドイツは世帯所得が高い人ほど寄附を積極的に行っている一方、日本は幸福度が高い人ほど寄付をしていました。

・献血　「あなたは献血をしたことがありますか」については、先述したボランティア、チャリティほどの差はなく、回答数値の平均値は日本が二・一五、ドイツが二・一七でした。順序ロジットモデルによると、日本は年齢が高い人ほど献血の経験が多い一方で、ドイツは若い人ほど献血を行っており、世帯所得が高い人、労働組合に加入している人ほど、献血経験が多いことが分かりました。

・向社会性・利他的尺度　次に向社会性・利他性を測定するために、ボランティア経験、寄附、献血の「1から4」のスコアを合計したスコアを向社会性・利他性の強さ（向社会性・利他的尺度）としました。数値が高いほど、向社会性・利他的行動を行っていることになります。その分布は図8－5のようになり、平均スコアは日本は六・三四、ドイツは七・一三で、ドイツのほうが向社会・利他性が高いことが分かりました。

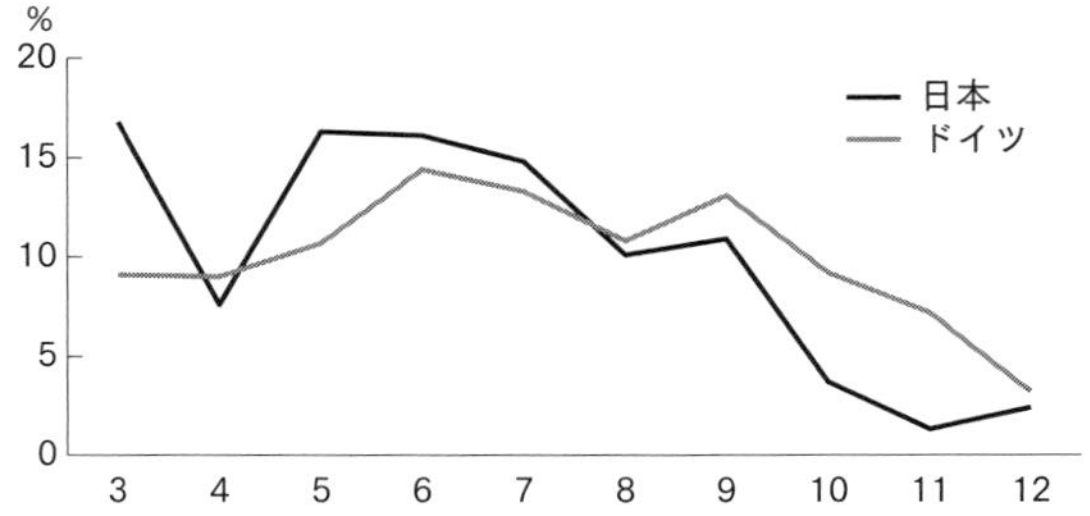

図 8-5　向社会性・利他性尺度

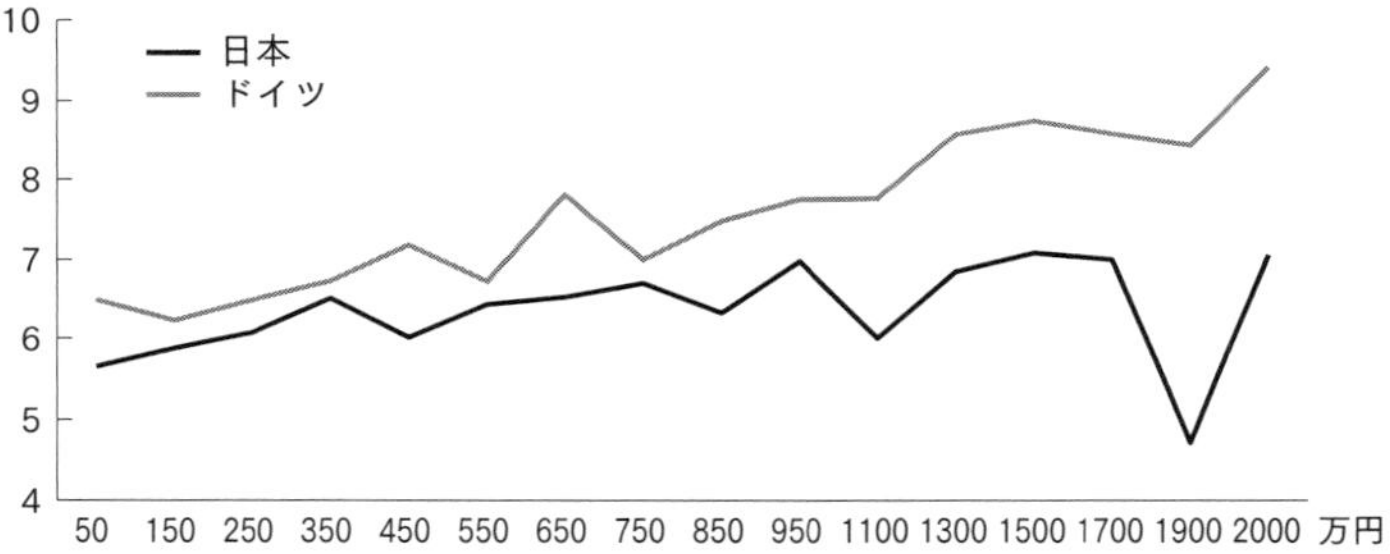

図 8-6　世帯所得と向社会性・利他性尺度の関係

また世帯所得と利他性の関係は図8-6で見るように、日本は世帯所得と向社会性・利他性の間には明瞭な関係がないものの、ドイツは世帯所得が高くなると向社会性・利他性が強まることが確認できました。そのため、日独の向社会性・利他性の差は、世帯所得が高くなるほどその乖離幅が大きくなるように見えます。

(5) 孤独・孤立の状況

孤独・孤立の問題は世界的にも共通課題になっています。「あなたは、自分には人との付き合いがないと感じることがありますか」、「あなたは、自分は取り残されていると感じることがありますか」、「あなたは、自分は他の人たちから孤立していると感

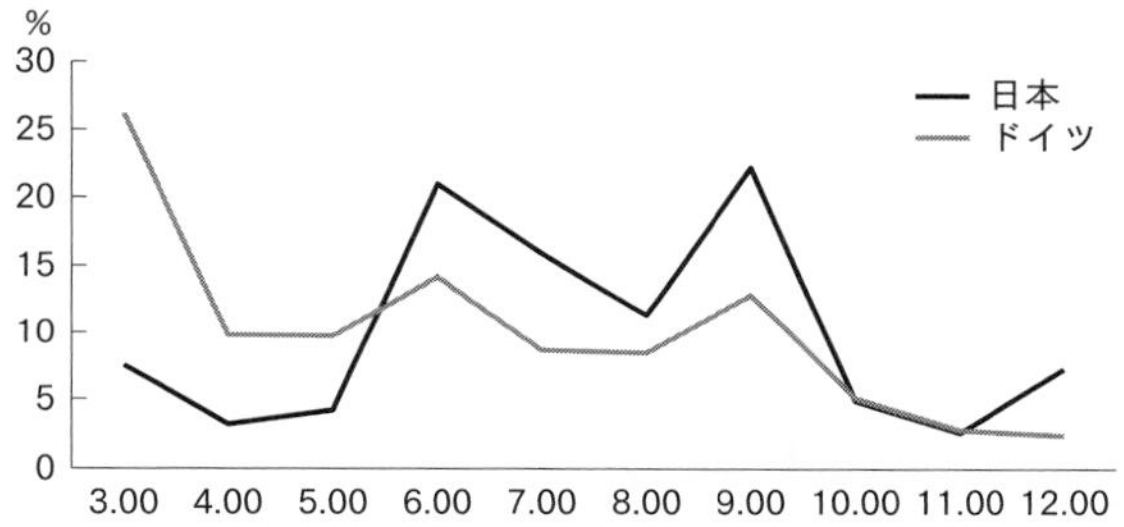

図 8-7　孤独・孤立尺度

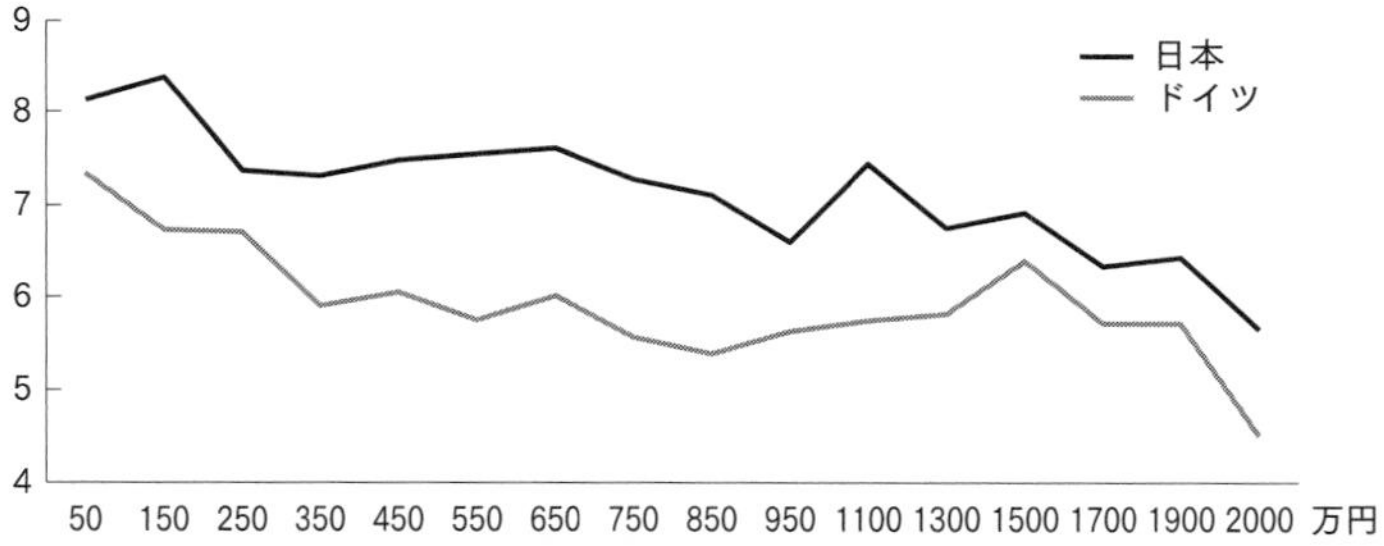

図 8-8　世帯所得と孤独・孤立の関係

じることがありますか」という「UCLA孤独感尺度」に基づき孤独・孤立の程度を質問しました。これら孤独・孤立の質問の三つのスコアの合計した値(孤独・孤立尺度)の分布は図8-7のようになっており、平均値は、日本は七・四八、ドイツは六・〇七となり、日本のほうが孤独・孤立が深刻であることがわかりました。[4]

図8-8は所得と孤独・孤立の関係を見たものですが、日独ともに高所得者の方が孤独・孤立度は低い傾向があります。この孤独・孤立尺度を重回帰分析すると、日本は所得が高いほど孤独・孤立の程度が低下する、ドイツは年齢と所得が上昇するほど孤独・孤立の程度が低下することが確認できました。このことから、

日独共通で、低所得層のほうが孤独・孤立の傾向が強くなります。

このほか「あなたは家族以外で愚痴を言える相手がどのくらいいますか」、「家族以外であなたに愚痴を言う相手がどのくらいいますか」(愚痴を聞く)という質問で、ストレスなどの発散ができる相手がいるかどうかを尋ねました。この結果、「愚痴を言う相手がいる」は、日本は二・五七、ドイツは二・三六、「愚痴を聞く」は、日本は二・五九、ドイツは二・三九となっています。「愚痴を言う」と「聞く」の間の相関は、日本は〇・七七、ドイツは〇・五八となっており、「愚痴を言う」と「聞く」は、日本は「お互い様」になっている(「言う」こともあれば「聞く」こともある)が、ドイツは「言う」と「聞く」の関連性はやや弱いことになります。次に孤独・孤立と愚痴の関係ですが、日本は、孤独・孤立と「愚痴を言う」の間には、−〇・三、孤独・孤立と「聞く」の間には、−〇・二七の相関がありました。愚痴を言ったり聞いたりすることで、孤独・孤立ではなくなることになります。他方でドイツは、孤独・孤立と「愚痴を言う」には−〇・〇八、孤独・孤立と「愚痴を聞く」との間には相関はなく、愚痴を言ったり聞いたりすることと孤独・孤立の間の関係は弱いことがわかりました。

また「愚痴を言う」に関する順序ロジットモデルを行った結果、日本は幸福度が高いほど、愚痴を言う傾向にあり、愚痴を言うことで心のバランスを取っている可能性もあります。これに対して、ドイツでは年齢が高いほど愚痴を言わなくなる傾向があります。

さらに「愚痴を聞く」に関する順序ロジットモデルでは、日本は幸福度が高いほど愚痴を聞くということになりました。ドイツは、幸福度は関係なく、年齢が高いほど愚痴を聞くことが少なくなるという関係にありました。日独で「愚痴」の役割、意義が異なるのかもしれません。

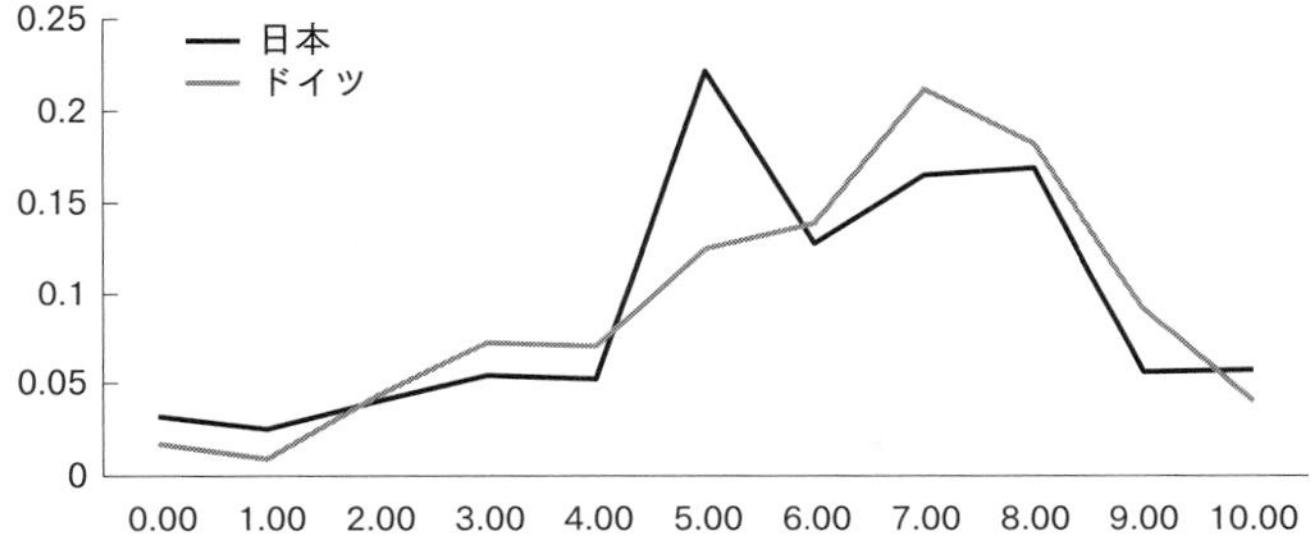

図 8-9　幸福度

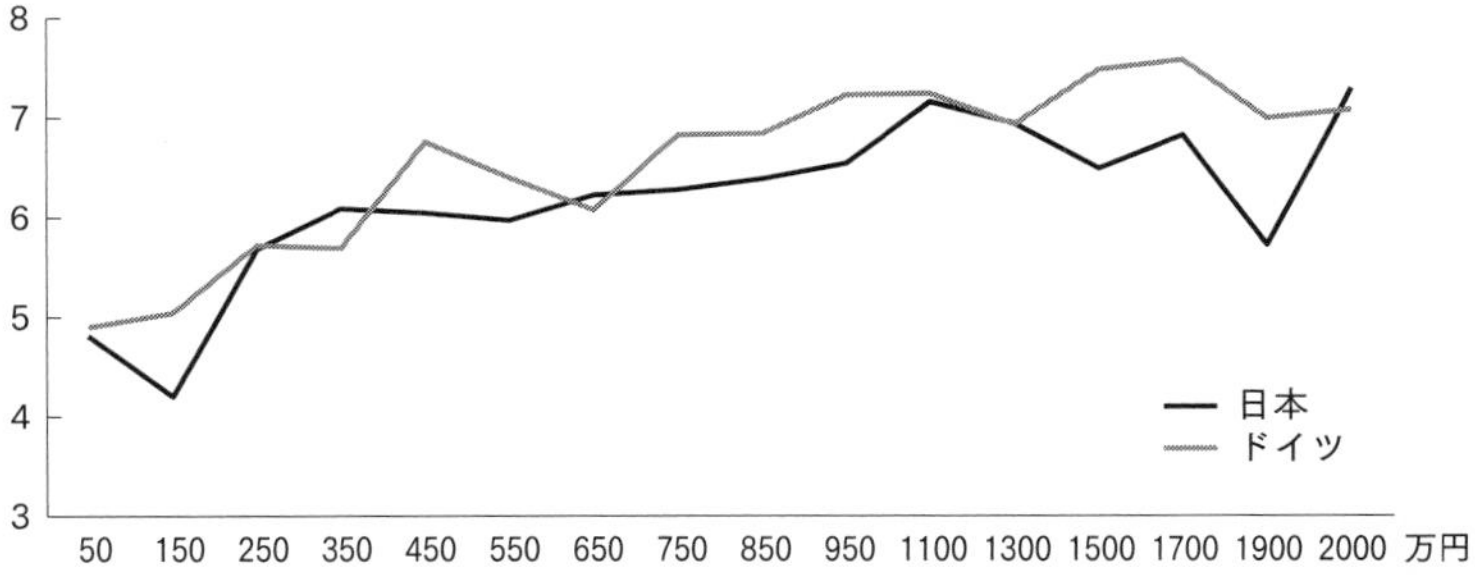

図 8-10　所得と幸福度の関係

(6) 幸福度

「現在、あなたはどの程度幸せですか？「とても幸せ」を一〇点、「とても不幸」を〇点とすると、何点くらいになると思いますか？　いずれかの数字を一つだけ選んでください」という形で、幸福度を質問しました。幸福度の平均値は日本が五・九三、ドイツが六・二〇で、分布は**図8-9**の通りになりました。最頻値は、日本が五、ドイツが七となっており、全体的にドイツの方が幸福度が高いことがわかります。

次に所得と幸福度の関係については、**図8-10**のように所得階層別に平均幸福度を見ると、日独ともに所得と幸福度には緩やかな正の相関関係が見えますが、日本は五五〇万円、ドイツは六五〇万円から所得が上昇しても幸福度はあまり上昇しません。所得が多いほど幸福度が高まるわけではないことは第4章、第7章(天井効果)で紹介しましたが、類似の傾向が確認されました。

次に重回帰分析で幸福度を決める要因を分析したところ、日本は、年齢、性別(女性)、所得、婚姻が幸福度を高める効果があり、孤独・孤立が幸福度を下げる効果があります。ドイツは年齢と所得、婚姻が幸福度を高め、孤独・孤立が幸福度を下げます。また所得と幸福度の推計値を見ると、所得が幸福度に与える影響の大きさは、日本よりドイツが大きいことが確認できました。さらに両国とも孤独・孤立が幸福度を引き下げるインパクトはほぼ同じ大きさになることが確認できました。

(7) 所得、幸福度、孤立、向社会性・利他性の関係

次に所得、幸福度、孤立、向社会性・利他性の四変数の相関係数を見てみました。日本については、**表8-3**のように、①所得と幸福度の間には正の相関にあり、所得が高いと幸福度が高い、②所得と向社会性・利他性の間には正の相関があり、所得が高いほど向社会性・利他性が強い、③所得と孤独・孤立の間には負の相関があり、所得が高いほど孤独・孤立でなくなる傾向がある、④幸福度と向社会性・利他性の間には正の相関があり、幸福度が高いほど向社会性・利他性が強い、⑤幸福度と孤独・孤立の間には負の相関があり、幸福度が高いほど孤独・孤立ではなくなる傾向がある、⑥孤独・孤立と向社会性・利他性の間には負の相関があり、孤独・孤立ではない人のほうが向社会性・利他性が強いことが確認されました。なお、ここでの確認は相関関係なので、因果関係は逆かもしれません。

表 8-3　相関係数　日本

日本	所得	幸福度	向社会性・利他性	孤独・孤立
所得	1	.208**	**.085***	**−.171****
幸福度	.208**	1	.175**	−.350**
向社会性・利他性	**.085***	.175**	1	**−.178****
孤独・孤立	**−.171****	−.350**	**−.178****	1

** 相関係数は 1% 水準で有意(両側)
* 相関係数は 5% 水準で有意(両側)

表 8-4　相関係数　ドイツ

ドイツ	所得	幸福度	向社会性・利他性	孤独・孤立
所得	1	**.289****	**.262****	−.143**
幸福度	**.289****	1	.109**	−.343**
向社会性・利他性	**.262****	.109**	1	**0.024**
孤独・孤立	−.143**	−.343**	**0.024**	1

** 相関係数は 1% 水準で有意(両側)

ドイツについては、表8－4のように、①所得と幸福度の間には正の相関がありますが、その関係性は日本がより強い、②所得と向社会性・利他性の間にも強い正の相関がありますが、その関係性は日本がより強い、③所得と孤独・孤立の間には負の相関がある、④幸福度と向社会性・利他性には正の相関がありますが、日本のほうがその関係性は弱い、⑤幸福度と孤独・孤立については負の相関があり、幸福度が高いほど孤独・孤立ではなくなる傾向があり、⑥孤独・孤立と向社会性・利他性については日本と異なり、相関関係は確認されませんでした。

全体としては、日本とドイツは似た傾向があり、共通して、所得の高い人は、①幸福度も高く、②孤独・孤立ではなく、③向社会的・利他的な傾向があることが確認できます。ただし、日本のほうが向社会性・利他性と幸福度の関係が強い傾向があります。また日独で異なる点は、孤独・孤立と向社会性・利他性の関係であり、日本は孤独・孤立傾向の人は向社会性・利他性が弱い傾向がありますが、ドイツは両者には関係がありません。

ここまでをまとめると、日本はドイツに比較して、①幸福度が低い、②孤独・孤立傾向が強い、③向社会性・利他性が低いということになります。ただ第7章でも議論されているように幸福度や孤独・孤立については、非WEIRD型の文化・社会である日本でこの測定方法が適切なのか、留意しておく必要はあります。

(8) 環境政策に関する評価

次に、環境政策に関する意識、評価について見ていきましょう。日独で「持続可能なライフスタイル」を意識しているかどうかということを確認します。

① SDGsに関する認知度と期待度

「「SDGs」という言葉や活動を知っていますか」については、「とても知っている」は日独であまり差がありませんが、大変興味深いことに「全く知らない」という回答者がドイツでは四五・五%も存在しています。このため回答数値はドイツが二に対し、日本は二・六と、日本のほうがSDGsの認知度は高いことがわかります。SDGsへの認知度の順序ロジットモデルによる分析の結果、ドイツでは高齢者ほどSDGsの認知度が低く、高学歴、高所得者ほど認知度が高いことになります。

日本では高齢者、高学歴の人ほどＳＤＧｓを認知しています。

次にＳＤＧｓに関連して、「とても知っている」、「やや知っている」と回答した人に対し、「学校、会社(企業)、行政、自治体、地域などがおこなっているＳＤＧｓの活動は、持続可能性に役立つと思いますか」とＳＤＧｓへの期待度を聞くと、ドイツでは「とてもそう思う」が三四・三％となり、日本の倍以上に、また回答数値も日本が二・八四に対して、ドイツは三・一八となっています。このことから、日本ではＳＤＧｓという言葉の認知度は高いが、それに対する期待は小さいことがわかります。また、後述するように、日本ではＳＤＧｓは知っているものの、それに応じた行動をしていないことが確認できました。逆にドイツはＳＤＧｓについてはあまり認知が広がっていませんが、環境に配慮した行動を取っている人が多いことや環境への配慮が生活に根づいていることが確認できます。日本ではＳＤＧｓが一種のブームになっていますが、表面的な理解しかされていない可能性が高いことがわかります。

② 地球温暖化と人間の活動の関係

「あなたは地球温暖化(急激な気候変動)について人間の活動が引き金であると思いますか」という質問には、ドイツでは「とてもそう思う」が多く、また回答数値も日本の二・九九に対してドイツは三・二四となっています。すでにさまざまな研究により、地球温暖化・気候変動の原因は人間の活動であることが確認されていますが、日本ではドイツに比較して、そのような理解は広がっていないことになります。

これは日本人の「知識の不足」なのか、あるいは科学者のなかには異なる見解「気候変動懐疑論者」がいるため意見を「保留している」のか、都合の悪いことは知らないことにするという「故意の盲目（故意の無知）」[5]なのかは区別できません。知識不足は教育の問題ですし、異なる意見（懐疑論）があるため保留しているというと別の問題が背景にあります。[6]そして、もし「故意の盲目」であれば、将来世代に対して無責任な姿勢ということになります。

③先進国の責任と補償

二〇二二年一一月のCOP27において、温暖化による「損失と被害」基金の設置が大きな争点となりました。そこで、「地球温暖化での気候変動・異常気象による干ばつや洪水、海面上昇などの自然災害が発生しています。これまで温室効果ガスを大量に発生させ、地球温暖化の原因を作った先進各国は、開発途上国のそれらの損害に対して費用の補償をすべきでしょうか」と温暖化の責任のある先進国とその負担に関する「気候正義」にかかわる質問を行いました。ここでも「とてもそう思う」がドイツは日本の約三倍になっており、回答数値もドイツ二・九六に対して日本は二・六一にとどまりました。

順序ロジットモデルの結果は、日本は年齢が高いほど、向社会性・利他性、幸福度が高いほど、補償を支持する傾向がありますが、ドイツは向社会性・利他性のみが補償の支持を高めていました。

④古着やリサイクルへの理解

「古着やリサイクル品を買うことに抵抗感はありますか」については、「抵抗感がある（とてもそう思う）」は日本とドイツではあまり差がありませんが、「全くそう思わない（抵抗感がない）」がドイツは三〇％以上となり、日本は約一八％にとどまっています。また回答数値が大きいほどエシカル消費に抵

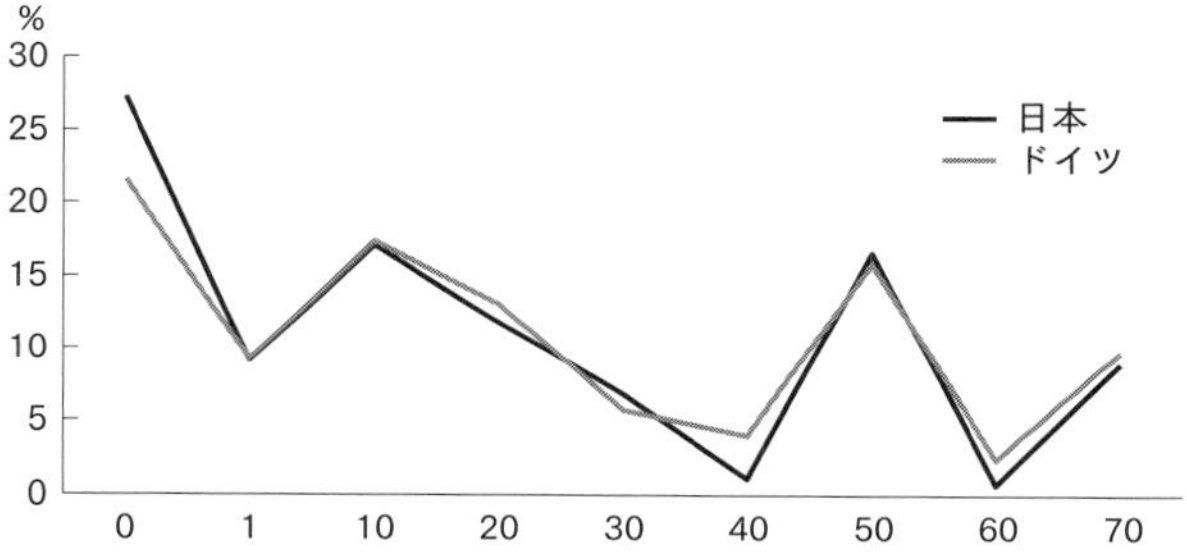

図 8-11　エシカル消費へのこだわり

抗感をもつことを意味しますが、ドイツの二・一八に対して日本は二・三五で、日本のほうがリサイクル・古着への抵抗感が強いことがわかります。

⑤ エシカル消費の意欲の強さ

「あなたは環境や人権に配慮したエシカル商品を購入する際、一般的な商品との価格差が何%高くなったら購入をやめますか」という質問は、エシカル消費へのこだわり度、つまり「いくら払ってもいいのか」というエシカル消費への思いの強さを確認するのが目的です。表8－1では省略しましたが平均値は日本が二五%、ドイツが二七・五%となり、分布も図8－11のように大きな差はありませんでした。ただ日本のほうが、エシカル割り増しゼロ、つまりエシカル消費へのこだわりがない回答が多くありました。エシカル消費への割り増し額の差を所得、年齢、女性ダミー、「SDGsを知っている」、「向社会性・利他性」で重回帰分析すると、日本では年齢が高いほど、向社会性・利他性が強いほど、エシカル消費への評価を高める傾向がありますが、一方、ドイツでは年齢はエシカル消費への評価は下げますが、向社会性・利他性がエシカル消費への意欲を高めることが確認されました。両国共通して、向社会性・利他性の強い人ほどエシカル消費への意識が高いことが確認できました。

⑥オーガニックへのこだわり

「あなたは食品についてオーガニックにこだわりがありますか」については、「とてもあてはまる」は、ドイツは一九・九%と、日本の一・九%と大きな差が確認されました。回答数値もドイツは二・五八、日本は一・八五と、大きな差が出ました。

⑦フードロスへの意識

「あなたはフードロスについて意識していますか」については、回答数値はドイツ三・四八、日本は二・七八と、両国の差は大きいです。順序ロジットモデルによると、日本は女性、年齢、向社会性・利他性がフードロスへの意識を高める効果をもっており、ドイツは年齢のみがフードロスへの意識を高める効果をもっていました。

⑧プラスチック削減の意識

「あなたはプラスチック削減を意識していますか」については、「とてもあてはまる」がドイツは日本の倍以上になっています。回答数値は日本二・七二、ドイツ三・二〇と大きな差があります。また順序ロジットモデルによると、日本は年齢、女性、向社会性・利他性が削減意識を高める効果をもっており、ドイツでは年齢のみが削減意識を高める効果をもっています。

⑨修理することへの意欲

「仮に、一〇万円(七〇〇ユーロ)程度の洗濯機を購入してから五年で故障した場合、あなたはどうしますか」という質問に対して、「修理せず、同程度の機能・同程度の価格」の商品を買いなおすとい

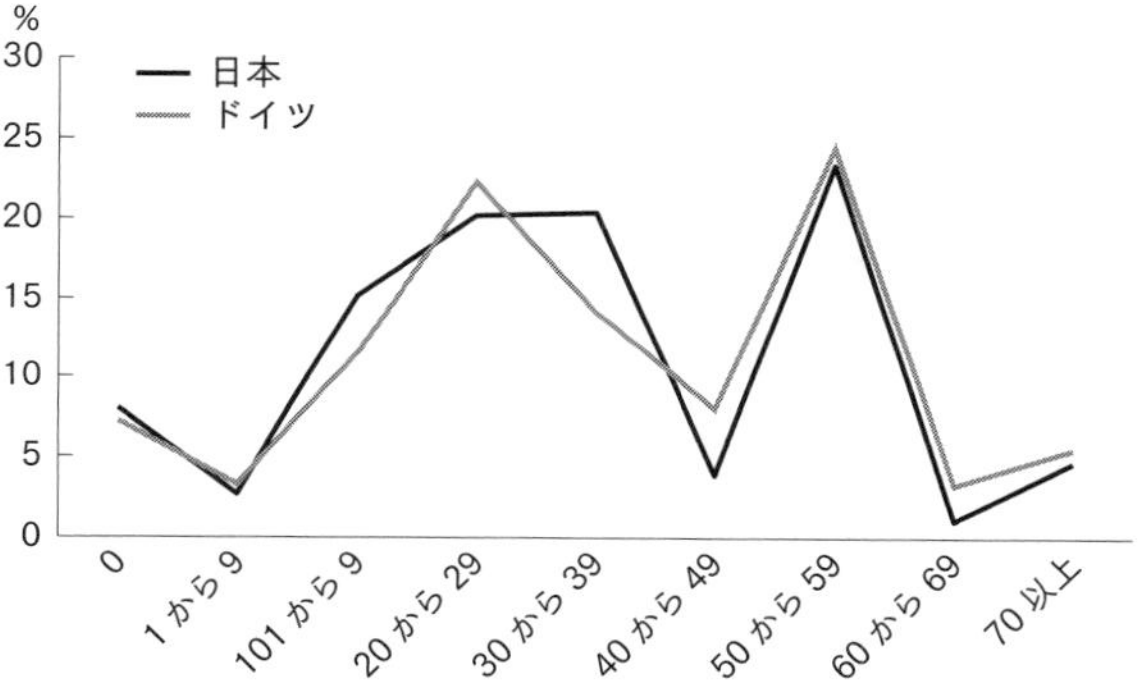

図 8-12　修理意欲の高さ

う回答を選択した人の割合は、日本は二一・七%、ドイツは二五・〇%で、あまり差はありませんでした(表8－1では省略)。「修理する」＝1、「修理しない」＝0として順序ロジットモデルで分析を行った結果、日本はいずれの変数も有意な効果は確認できませんでしたが、ドイツは年齢のみが修理意向を高めていました。

次に、修理にどの程度まで支払うのかを「「修理費用によっては修理する」と回答した方にお聞きします。故障した物と同程度の物の新品価格を一〇〇%とした場合、修理費用が何%までなら修理しますか」と質問しました。この金額が高いほど、修理意欲が高いと理解しました。回答分布は図8－12のようになりました。平均値は、日本三〇・七五%、ドイツ三三・七七%でややドイツのほうが修理意欲は高いものの、分布はほぼ同じになりました。

なお、日本では、二〇二一年の消費動向調査では洗濯機の買い替え間隔は一〇年程度であり、買い替える理由の七割が故障です[7]。また国税庁による減価償却期間(耐用年数)は六年とされています。このため定額法にしたがって六年で償却し

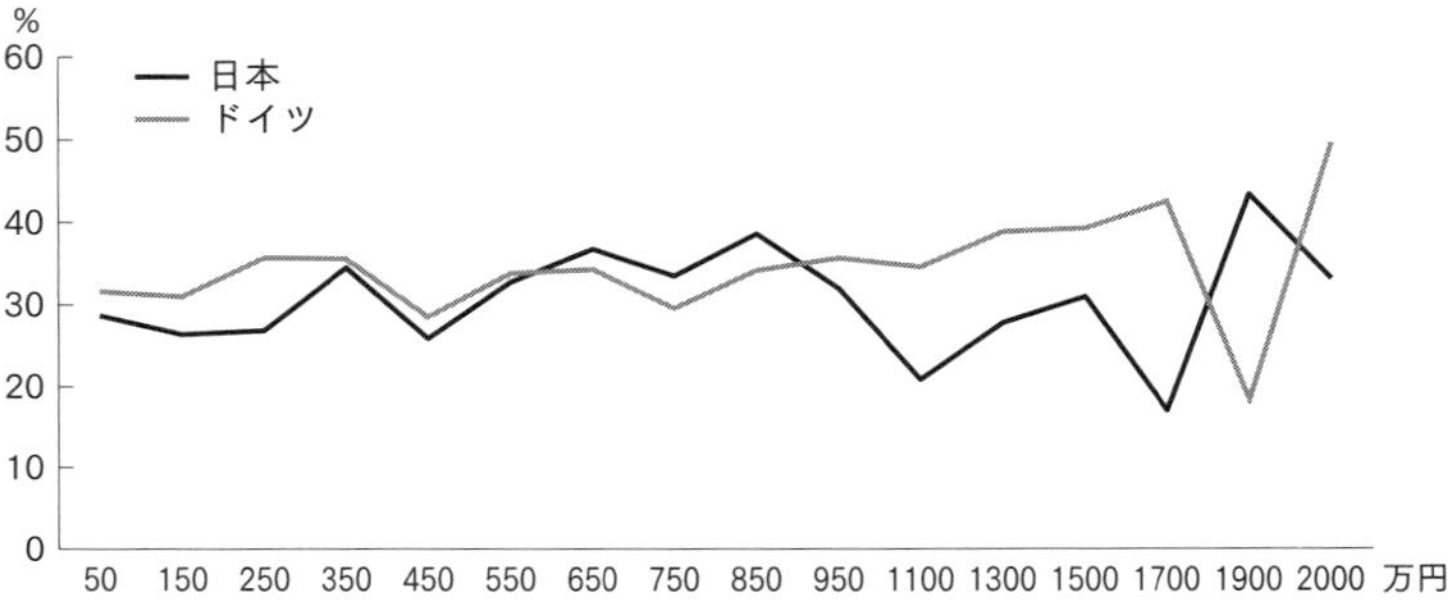

図 8-13　所得と修理費用上限の関係

た場合の残存価値は二〇%、一〇年で償却した場合は五〇%となりますが、修理費用の回答分布も両国とも二〇%および五〇%が最頻値になっていることから、両国とも適切な修理費を回答していると思われます。

図8-13は、所得と修理費用上限の関係ですが、所得と修理費の間にはあまり明確な関係は存在しないように見えます。

⑩ 次世代への思いと責任

よい環境を次世代に残したいのか、「次世代に豊かな自然・環境を残すために、あなたは現在の自分の消費や便利さを我慢しますか」という質問について、「とてもあてはまる」は日本よりドイツが大幅に多いです。他方で、回答数値では日本とドイツの差は小さくなり、日本は二・四五、ドイツは二・七六となりました。また順序ロジットモデルでは、日本は年齢のみ次世代への配慮を高める効果がありましたが、ドイツは有意な変数はありませんでした。

⑪ 今後のエネルギー政策

「あなたは今後のエネルギーとして何に重きを置きますか」では、原子力、火力、再生可能エネルギー、節電・省エネのいずれを現在より強化すべきか質問しました。

・原子力　回答数値で見るとドイツ二・三八、日本二・二六で、ドイツのほうがやや原発の拡大への支持は強い傾向があります。また順序ロジットモデルでは、日本は女性のほうが原子力を増やすことには消極的です。他方で、高所得や向社会性・利他性の強さは、原子力への支持を高める傾向にあります。また製造業、寒冷地、労働組合のいずれの要素も原子力への支持には影響を与えませんでした。他方、ドイツは女性と若い世代が原子力に消極的であることがわかりました。この一方で、向社会性・利他性、東部ドイツ、労働組合加入は原子力の支持を強める効果がありました。

・火力　回答数値はドイツ二・一一、日本二・一三でほぼ同様であり、順序ロジットモデルではドイツ、日本いずれも年齢が高いほど、消極的になります。一方、向社会性・利他性は火力の支持を高める効果をもっていました。またドイツは労働組合に加入している回答者が火力を支持する傾向にあることも確認できました。

・再生可能エネルギー　回答数値はドイツ三・〇六、日本三・四三となっており、日本のほうが再生可能エネルギーへの関心は強いことが確認できました。また日本では年齢の高いほう、向社会性・利他性が強い人が、再生可能エネルギーの支持に積極的です。ドイツは年齢の高いほうが再生可能エネルギーに積極的ですが、ドイツ東部在住のほうは消極的です。

・節電・省エネ　回答数値はドイツ三・二五、日本三・一〇で、ドイツのほうが節電意欲は高いことが確認できます。順序ロジットモデルによると、ドイツでは非正規労働者は節電・省エネに消極的で、向社会性・利他性の高い人は積極的です。日本はより年齢の高い人と女性、向社会性・利他性の強い人が積極的です。

まとめると、今後どのエネルギーをいまより増やすべきかという質問に対しては、全体的には原子力と節電はドイツのほうが、再生可能エネルギーは日本のほうが積極的になっていました。ただし、この評価については留意するべき点があります。依然として天然ガスや火力がエネルギーの中核である日本と、再生可能エネルギーがかなり普及しているドイツでは、エネルギー構成に大きな違いがあります。またドイツでは、二〇二三年四月に国内のすべての原発が停止されましたが、他方でウクライナ侵攻の結果ロシアからの天然ガスの供給がなくなったため、エネルギーへの危機感が強いという状態にあるという点にも留意する必要があります。

⑫ エネルギー課税について

「あなたは使用電力の抑制のために、使用電力に応じて課税するなどの対策について必要だと思いますか」については、「全くそう思わない」は日本一八・四％、ドイツ一三・四％とあまり変わりませんでした。他方で、「とてもそう思う」は日本七％、ドイツは一七％とドイツのほうが肯定的な回答が多くありました。回答数値は日本二・三四、ドイツ二・六二で、全体としてはドイツのほうがエネルギー課税には積極的でした。順序ロジットモデルによると、ドイツは年齢が高いほど、エネルギー課税への支持は減ります。他方で、幸福度、向社会性・利他性の高い人はエネルギー課税を支持します。日本では大学・大学院ダミー、年齢、幸福度、向社会性・利他性が高い人がエネルギー課税を支持しています。

⑬ 持続可能な社会を実現するために取り組むべき社会課題

「持続可能な社会を実現するために取り組まなければならない社会課題として、あなたが特に重要

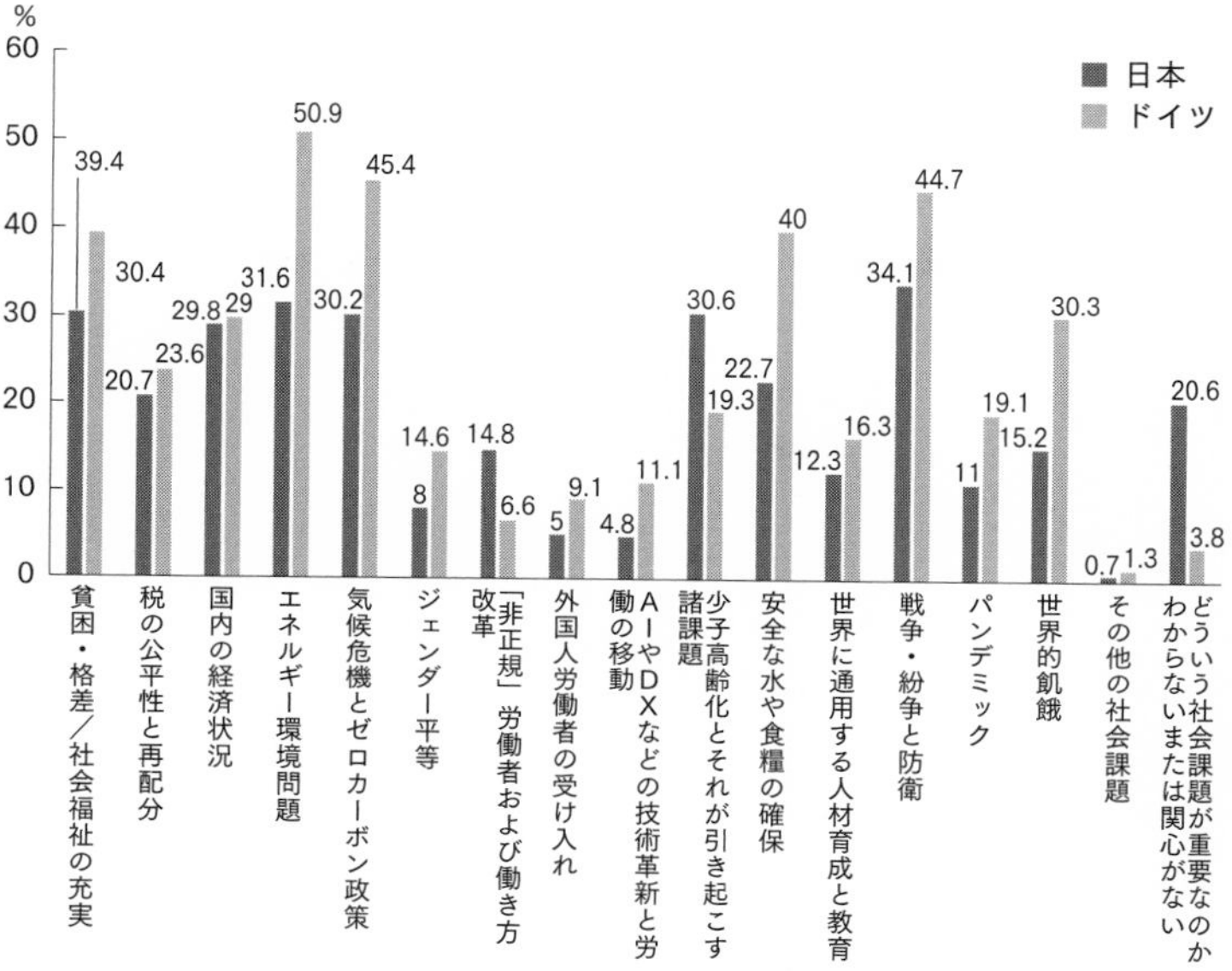

図 8-14　重要だと思う社会課題

と思うものを選んでください」という回答についても、日独で大きな差が発生しました。図8-14で見るように全体的にドイツのほうが社会的課題に関心が高く、ほとんどのテーマでドイツのほうが「関心がある」と回答しています。とくにドイツが一〇%以上差をつけて選択した課題は、「エネルギー環境問題(再生可能エネルギー、原発、サーキュラーエコノミーなど)」(一九・三)、「気候危機(地球温暖化、自然災害の多発)とゼロカーボン政策(炭素税の導入など)」(一五・二)、「(自給や外交政策による)安全な水や食糧の確保」(一七・三)、「戦争・紛争と防衛」(一〇・六)、「世界的飢餓」(一五・一)でした。

日本のほうが高いのはわずかに「「非正規」労働者および働き方改革」(八・二)、「少子高齢化とそれが引き起こす諸課題(年金、介護、孤独死、労働者不足、人口減少による産業への影響など)」(一一・三)の二項目でした。

驚くべきは、日本では約二〇%の人が、「何が社会課題かわからない」という選択をしており、ドイツの約四%に比較して際だって高いことです。

3　考　察

本章では、日独で共通のアンケートを行い、両国でサンプルなどの偏りがないことを確認したうえで統計的な分析を行い、社会関係、幸福度、環境政策に関する評価を比較検討しました。ここで確認できたことを要約しましょう。

(1) 社会関係、幸福度について

全般的に、幸福度、向社会性・利他性は日本よりドイツが高いこと、孤独・孤立は日本のほうがドイツより深刻であることがわかりました。所得が幸福度に与える影響は日独で共通していますが、その影響は日本のほうが弱いことが確認できました。また日独共通して、幸福度が高い人のほうが向社会的・利他的で、孤独・孤立ではないことが確認されました。所得と孤独・孤立の間にも関係があり、所得が高い人ほど孤独・孤立の程度は低いことが確認できました。一方、日本では孤独・孤立の程度が高い人は、向社会性・利他性が低い傾向がありましたが、ドイツにはそうした関係は確認できませんでした。この点は逆の因果関係もあり、今後の研究が必要になります。

もし孤独・孤立が向社会性や利他性を下げるということになると、神経科学が明らかにしたように、孤独・孤立が深刻になると社会脳を担う前頭葉の機能が低下し、他者との共感を有しにくくなるということかもしれません。しかし、因果関係は逆の可能性もあります。他者との交流がともなうボランティアや感謝が示されるチャリティ、献血などが、孤独・孤立を防止する効果をもつかもしれません。ただ、こうした関係はドイツでは確認できませんでした。

一方、日本では所得と向社会性・利他性の関係は確認できませんでしたが、ドイツでは所得が高い人ほど向社会性・利他性が強いことが確認されました。

(2) 環境政策に関する評価

環境政策については、日本ではSDGsの認知はドイツよりもかなり高いものの、リサイクル、エシカル消費、フードロス、プラスチックゴミの抑制など、地球温暖化・気候変動に対する意識が高い人はドイツよりもかなり少ない可能性が確認できました。このことから、日本のSDGsの議論が表面的に過ぎず、行動変容や価値観までに影響を与えていないこと、「持続可能なライフスタイル」への移行が意識されていないことがうかがわれました。このようにドイツと比較することで、日本人の環境政策への関心の低さがかなり深刻であることがわかります。

リサイクル、エシカル消費、フードロス、プラスチックゴミの抑制などは環境を守る身近な行動で、持続可能なライフスタイルに向けた第一歩といえます。もちろん、これらの行動から直ちに結果が出るわけではなく、効果も限定的かもしれません。しかし、そのような環境に関心のある行動をとる人が増え、そしてそれが多くの人に広まると、大きな環境問題についても何かをしなければいけないという道徳的義務を感じるようになり、より大きな環境問題への対応のうねりに繋がる可能性もあります。(8) これは「自己認識理論」とされています。ドイツでも、はじめは日本同様に小さな動きだったかもしれませんが、環境への道徳的責任が社会に定着して、すでに大きなうねりになり、社会を変えていると評価できます。

また日本では、SDGsという言葉は広まっていますが、表面的で、人々の行動変化をともなっていないという点は極めて重要です。日本でも最近、SDGsのバッジをつけたビジネスマンが増えていいます。これが「自己認識理論」のようになればいいのですが、単にマーケティングにとどまると、逆効果になる可能性もあります。

ワグナーら(二〇一六)はこれを「クラウディング・アウトバイアス」の問題と呼んでいます。すなわち、SDGsは重要だ、SDGsのために費用を支払おうという仕組みを導入すると、ではその費用を支払いさえすれば、もう温暖化防止が実行されたと考え、自らの防止行動を取らなくなるという問題が発生すると指摘しています。類似の例をあげると、献血に経済的インセンティブ(謝金)を導入するとかえって献血が減少する、親に保育所の子どもの迎えに遅刻しないようにペナルティーの費用を加算で要求すると、お金を支払えば遅刻してもいいということで、遅刻が増えるという事例があります。これが環境問題でも起きるということです。こうなるとSDGsは単にビジネスモデル、マーケティングの道具に過ぎません。日本はそのような状況になりつつある危険性もあります。

またSDGsへの関心が表面的であると、国際的な気候変動対応の変化、とくに金融市場やサーキュラー経済の動きに乗り遅れ、経済的な面でも不利な状況になるかもしれません。例えば、年金などの世界中の投資基金が化石エネルギーや温暖化に繋がる産業・企業であるリニア産業から投資を引き上げ、再生可能エネルギーやCEの分野に投資しているのに、日本のみが化石エネルギー産業やリニア産業に投資をするとなると、最終的には経済損失が発生します。

以上の結果から、環境政策についての行動、理解が進んでいない日本では、所得階層や性別など属性によって環境政策への評価に差が出てくる可能性があります。環境問題への意識の底上げ、道徳心の転換、低所得層への配慮をしないまま、企業や産業に偏重した政策が実行されると、温暖化への緩和・適応に関する政策をめぐって人々が対立し、社会分断が発生する危険性があります。

注

（1）https://data.oecd.org/inequality/income-inequality.htm
（2）日本については、二〇二一年の労働力調査では、短時間労働者は全就労者の三一％です。
（3）労働政策研究・研修機構「主要労働統計指標」の「諸外国の労働組合組織率の動向」によりました。https://www.jil.go.jp/kokunai/statistics/shuyo/0702.html
（4）日本は、孤独・孤立尺度は3が二五％、10、11、12のスコアに一四・七％が分布していました。内閣府(二〇二二)の調査では、3は一八・五％、10、11、12は六・三％であり、これと比較すると本調査では、孤独・孤立感の高い人が一五％も存在することになっています。https://www.cas.go.jp/jp/seisaku/kodoku_koritsu_taisaku/zittai_tyosa/zenkoku_tyosa.html
（5）意図的に責任を問われる事実に気づかないようにすることで不法行為に対する責任を回避しようという状況を説明するために法律分野で使われる用語。ワグナーら(二〇一六)一二五頁。
（6）懐疑論の問題については、明日香(二〇二一)二九頁を参照。

（7）https://www.esri.cao.go.jp/jp/stat/shouhi/honbun202103.pdf
（8）行動の変化が、道徳観を変えることを自己認識理論という。この典型例は、コペンハーゲン理論、つまりコペンハーゲンの市民の五〇%が自転車で通勤している状況であるとされています。ワグナーら(二〇一六)二〇六―二〇七頁。

参考文献

明日香壽川 二〇二一、『グリーン・ニューディール――世界を動かすガバニング・アジェンダ』岩波新書。
内閣府 二〇二二、「孤独・孤立の実態把握に関する全国調査(令和三年調査)」https://www.cas.go.jp/jp/seisaku/kodoku_koritsu_taisaku/zittai_tyosa/zenkoku_tyosa.html
ゲルノット・ワグナー、マーティン・ワイツマン、山形浩生訳 二〇一六、『気候変動クライシス』東洋経済新報社。

謝　辞

本稿について、ドイツの事情に関連して、ドイツ在住のArch Joint Vision 社代表・池田憲昭氏より有益なコメントをいただきました。

あとがき

ブッシュ大統領(シニア)は、一九九二年六月、ブラジルのリオ・デ・ジャネイロで開催された国連環境開発会議(第一回地球サミット)を前に、「アメリカの生活様式は交渉の余地がない(The American life-style is non-negotiable)」と表明しました。一方、このサミットに参加した当時一二歳のカナダの少女セヴァン・スズキさんは、サミットに集まった世界のリーダーを前に、「どうやって直すのかわからないものを、壊しつづけるのはもうやめてください」と訴えました。どうやって直すのかわからないものとは、壊された自然や絶滅した生物のことです。

このリオのサミットから三〇年以上が経ちましたが、地球温暖化、環境問題は一層深刻になっています。「惑星の限界」、私たち人間やさまざまな生物が暮らし生きているこの星の限界はどこまでなのか。物質である限り、限界はあります。そして、限界を超えてしまったら後戻りできないのではないか。人類のこれまでの、そしてこれからの経済活動がこの星を破壊するのではないか。

私たちはこうした危機意識の下、この星の破壊を回避しつつ経済活動を営むにはどうすればよいのか、それを可能にする経済社会とは一体どのような姿をしているのか、新しい経済社会は経済成長の追求と根本的に対立するのか、格差と温暖化の問題をどのように解決するのか、人類にとって地球と自然とはどのような意味があるのか、といった問いを立て、それに一定の答えを見出したいと考えました。

そもそも、経済の豊かさと環境への配慮は、両立しえないトレードオフの関係だと考えられがちです。これまで、経済活動の隆盛は世界基準としてGDPなどの指標によって測られてきましたが、そこで環境保全は経済の足を引っ張り、GDPの減少をもたらす要素だと理解されてきました。しかし、経済成長は、たしかに私たちの豊かさの一構成要素ではありますが、そのすべてというわけではありません。環境の良さはむしろ、私たちの豊かさにマイナスなのではなく、プラスの貢献を行っているのではないか。

そうだとするとGDPの伸び＝経済成長だけで私たちの豊かさを測ることの問題性が見えてきます。二〇一五年九月二五日に国連総会で採択された、二〇三〇年までに達成すべき持続可能な開発目標である「SDGs」により、脱炭素化やデカップリングなどの議論や取り組みが世界的に展開し始めているのは、多くの人々がこうした問題意識を共有し始めたからではないだろうか。

本書の編者である駒村・諸富は、「人間の幸せは経済活動の発展によるGDPなどの指標のみで測ってしまえるのか。それらの経済活動を追求すると、この星の限界を突破してしまい、結局は不幸になるのではないか」という共通した問題意識を共有できました。そこから、そもそも「幸福とは何か」を問い直さなければならないという課題も生まれました。

「資本主義経済の再構築としてのSDGs研究会」は、各分野の研究者の英知を結集して、これからの社会のありようについて広く発信したいとの思いから、二〇二二年二月九日第一回~同年一二月五日第一一回までの間、研究活動を約一年近くにわたり進めてきました。研究会主査、副主査は本書編者である慶應義塾大学教授・駒村康平、京都大学教授・諸富徹がそれぞれ務め、委員としては、京都大学教授・内田由紀子、(公財)日本生産性本部エコ・マネジメント・センター長、上智大学非常勤講師・喜多川和典、九州大学教授・山下潤の布陣で臨みました。

その間コロナ禍での制限もあり、オンラインを基本としましたが、議論の摺り合わせはやはり対面で行う必要もあり、中間と終盤の二回は委員が集まりやすい京都大学での開催としました。

また、研究会の主催団体である一般財団法人全国勤労者福祉・共済振興協会(全労済協会)は、「勤労者・生活者の生活・福祉の向上に寄与する」ことを目的としたシンクタンク事業を行っている団体です。上述の問題意識を全労済協会に投げかけたところ、その親団体である、こくみん共済 coop の理念である「みんなでたすけあい、豊かで安心できる社会づくり」の、人間の幸せをめざした共助の考え方の具現化にも一致する考え方であるとの賛同を得ました。

普通の研究会では、ある程度のゴールを決めて、そこに向かい研究・議論を進めていきますが、全体像が鮮明でないなかで開始した今回の研究会では、経済問題・新たな経済指標・資本主義の非物質化・内外の環境問題はもとより、格差・貧困と環境問題の同時解決、人類の進歩と幸福についても範疇に入れ、幅広い議論を重ねてきました。「経済の成長のあり方を考えなおす」を全体の骨格テーマとして、忌憚のない議論がされたことと自負しています。とくに経済・環境・福祉といった、これまで同時に議論されることがなかったと考えられる分野を、横断的に正面から見据えた研究会となり、今後も現実の生活に則した議論をすることの必要性を全員で共有しました。併せて、世界の動きと比較して日本社会の取り組みが全体的に遅れており、その実感を社会で早急にもつ必要性も同時に痛感したところです。分野によっては進んでいる諸外国からは周回遅れの状況もあることの危機感をもつべきです。

招聘講師としてお招きし、貴重なご報告を頂戴した、東京大学未来ビジョン研究センター特任研究員(研究会当時)・陳奕均《チン・イーチュン》先生、東京大学大学院工学系研究科技術経営戦略学専攻教授・村上進亮《しんすけ》先生、ドイツ統一サービス産業労働組合Ver.di《ヴェルディ》チーフエコノミスト・ディアク・ヒアシェル(Dierk Hirschel)氏には、この場をお借りして厚く御礼を申し上げます。今日的・世界的な現況、有益な研究成果や研究途上のご報告をいただき、本研究会のさらに厚みを増した議論になったことは間違いありません。

日独の各一、〇〇〇サンプルの意識比較アンケートは本研究会のみならず、今後の各分野の研究の一助になるとも考え、全労済協会ホームページで一般公開します。

本書が、大きな可能性を秘めた次世代を担う若者たちとともに、日本の文化や日本人の強みを生かした方法の議論の一助になれば大変喜ばしく、そうであってほしいと願います。目先の経済成長のみにとらわれることなく、利他的な視点も大きく評価できる社会がこの日本に作れるはずです。

私たちと問題意識を共有し、研究会の準備段階から本書発刊までの約一年半にわたり、事務局を務めていただいた主催団体の全労済協会の神津里季生理事長をはじめ、調査研究部の皆さまには心よりお礼を申し上げます。神津里季生理事長は毎回の研究会にもご出席いただきコメントを頂戴しました。本書編集者の田中朋子氏、および岩波書店にも執筆機会をいただいたことに重ねて謝意を表し、あとがきとします。

二〇二三年二月

本書編著者　駒村康平、諸富　徹

索　引

参考資料
「資本主義経済の再構築としての SDGs 研究会」実施調査

1. 調査名：環境問題に関する意識調査
2. 調査目的
 (1)日本およびドイツの一般国民の SDGs(環境問題，脱炭素，脱プラスチック)，サーキュラー経済等に関する関心を分析する．
 (2)年齢，性別，所得階層，職業等によって関心の度合いがどの程度異なるのかを日本とドイツの比較により明らかにする．
3. 調査対象
 (1)2,000 人(日本およびドイツ各国 1,000 人)
 (2)20 歳以上の男女．なお，20 代〜50 代までは人口構成比に基づき割り付け，60 代以上のサンプルを 60 代の人口構成比で割り付け，サンプル数を採取した．厳密な地域割り当ては行っていないが，全地域から回収している．
4. 質問項目数：42 問(基本属性 10 問含む)
5. 質問内容：別表参照
6. 調査実施期間：2022 年 11 月 22 日〜28 日
7. 調査会社：クロス・マーケティング

付表 1 アンケート項目

基本属性についての質問

SC1 あなたの年齢をお知らせください．

SC2 あなたの性別をお知らせください．

SC3 あなたのお住まいの地域をお知らせください．

SC4 あなたの最終学歴をお知らせください．

SC5 あなたの世帯年収をお知らせください．

SC6 あなたは結婚していらっしゃいますか．

SC7 あなたの 18 歳以下のお子様についてお聞きします．もし複数人のお子様がいらっしゃる場合は，同居しているお子様が 1 人でもいらっしゃいましたら，「同居している」とお答えください．

SC8 あなたの職業に最もあてはまるものをお知らせください．

SC9 あなたのお仕事について最もあてはまるものをお知らせください．

SC10 あなたは労働組合に加入されていますか．

質問項目

Q1　「SDGs」※という言葉や活動を知っていますか.

※「SDGs」とは？

持続可能な開発目標(SDGs：Sustainable Development Goals)とされ，2015年9月の国連サミットで加盟国の全会一致で採択された「持続可能な開発のための2030年アジェンダ」に記載された，2030年までに持続可能でよりよい世界を目指す国際指標です．17のゴール・169のターゲットから構成され，地球上の「誰一人取り残さない(leave no one behind)」ことを誓っています.

Q2　学校，会社(企業)，行政，自治体，地域などがおこなっているSDGsの活動は，持続可能性に役立つと思いますか.

Q3_1　あなたは地球温暖化(急激な気候変動)について人間の活動が引き金であると思いますか.

Q3_2　地球温暖化での気候変動・異常気象による干ばつや洪水，海面上昇などの自然災害が発生しています．これまで温室効果ガスを大量に発生させ，地球温暖化の原因を作った先進各国は，開発途上国のそれらの損害に対して費用の補償をすべきでしょうか.

Q4　古着やリサイクル品を買うことに抵抗感はありますか.

Q5　物品を購入する時のあなたの意識を教えてください.

1　最新モデルが発売されたので試してみたいから

2　必要というよりも物を買うこと自体がストレス発散になるから

3　持っていることがステータスとなるから

Q6　あなたは環境や人権に配慮したエシカル商品※を購入する際，一般的な商品との価格差が何%高くなったら購入をやめますか．(数値は0～1000の範囲で入力できます)

(例)

- 一般的な商品と同額の時でしか購入しないという場合は「0」%と入力してください.
- 一般的な商品より5割高くなるときは購入をやめる場合は「50」%と入力してください.
- 一般的な商品の倍の価格となったときは購入をやめる場合は「100」%と入力してください.

※「倫理的消費(エシカル消費)」とは？

消費者それぞれが各自にとっての社会的課題の解決を考慮したり，そうした課題に取り組む事業者を応援しながら消費活動を行うことです．／2015年9月に国連で採

択された持続可能な開発目標(SDGs)の17のゴールのうち，特にゴール12に関連する取組です．

Q7　あなたは食品についてオーガニックにこだわりがありますか．

Q8　仮に，10万円(700ユーロ)程度の洗濯機を購入してから5年で故障した場合，あなたはどうしますか．

1　修理せず，同程度の機能・同程度の価格帯の商品に買い換える

2　修理費用によっては修理する

Q9　Q８で「修理費用によっては修理する」と回答した方にお聞きします．故障した物と同程度の物の新品価格を100%とした場合，修理費用が何%までなら修理しますか．（数値は0〜1000の範囲で入力できます）

(例)

- 修理費用が必要ないのであれば修理する場合は「０」%と入力ください．
- 修理費用が新品価格の半分程であれば修理する場合は「50」%と入力ください．
- 修理費用が新品価格と同額程度であっても修理する場合は「100」%と入力ください．

Q10_1　あなたは「仕事」を選択するときに，「社会や人に役立ち，やりがいを感じる仕事」かどうかを意識しますか．

Q10_2　次世代に豊かな自然・環境を残すために，あなたは現在の自分の消費や便利さを我慢しますか．

Q10_3　次世代に経済的な重荷を負わせないために，あなたは現在の自分の消費や便利さを我慢しますか．

Q11　持続可能な社会を実現するために取り組まなければならない社会課題として，あなたが特に重要と思うものを選んでください．

①貧困・格差／社会福祉の充実

②税の公平性と再配分

③国内の経済状況(金利，物価，経済成長など)

④エネルギー環境問題(再生可能エネルギー，原発，サーキュラーエコノミーなど)

⑤気候危機(地球温暖化，自然災害の多発)とゼロカーボン政策(炭素税の導入など)

⑥ジェンダー平等

⑦「非正規」労働者および働き方改革

⑧外国人労働者の受け入れ

⑨AIやDXなどの技術革新と労働の移動

⑩少子高齢化とそれが引き起こす諸課題(年金，介護，孤独死，労働者不足，絶対的人口減少による産業への影響，など)
⑪(自給や外交政策による)安全な水や食糧の確保
⑫世界に通用する人材育成と教育
⑬戦争・紛争と防衛
⑭パンデミック
⑮世界的飢餓
⑯その他の社会課題(　　)
⑰どういう社会課題が重要なのかわからないまたは関心がない

Q12　あなたはフードロスについて意識していますか.
Q13　あなたはプラスチック削減を意識していますか.
Q14_1　あなたは社会貢献活動のボランティアをしたことがありますか.
Q14_2　あなたは社会貢献活動としてのチャリティ(寄附)をしたことがありますか.
Q14_3　あなたは献血をしたことがありますか.
Q15_1　あなたは今後のエネルギーとして何に重きを置きますか.
／原子力
Q15_2　あなたは今後のエネルギーとして何に重きを置きますか.
／火力(石炭・石油・天然ガス)
Q15_3　あなたは今後のエネルギーとして何に重きを置きますか.
／再生エネルギー(太陽光・水力・風力・地熱・バイオマスなど)
Q15_4　あなたは今後のエネルギーとして何に重きを置きますか.
／節電・省エネ
Q16　あなたは使用電力の抑制のために，使用電力に応じて課税するなどの対策について必要だと思いますか.
Q17_1　あなたは，自分には人との付き合いがないと感じることがありますか.
Q17_2　あなたは，自分は取り残されていると感じることがありますか.
Q17_3　あなたは，自分は他の人たちから孤立していると感じることがありますか.
Q18　あなたは家族以外で愚痴を言える相手がどのくらいいますか.
Q19　家族以外であなたに愚痴を言う相手がどのくらいいますか.
Q20　現在，あなたはどの程度幸せですか？「とても幸せ」を10点，「とても不幸」を0点とすると，何点くらいになると思いますか？　いずれかの数字を1つだけ選んでください.

付表２　被説明変数

１：SDGs の理解(「SDGs」という言葉や活動を知っていますか.) １－２：SDGs への期待(学校，会社(企業)，行政，自治体，地域などがおこなっている SDGs の活動は，持続可能性に役立つと思いますか.) ２：気候変動の責任(あなたは地球温暖化(急激な気候変動)について人間の活動が引き金であると思いますか.) ３：損害補償(これまで温室効果ガスを大量に発生させ，地球温暖化の原因を作った先進各国は，開発途上国のそれらの損害に対して費用の補償をすべきでしょうか.) ４：古着リサイクルへの抵抗(古着やリサイクル品を買うことに抵抗感はありますか.) ５　オーガニック(あなたは食品についてオーガニックにこだわりがありますか.) ６：あなたは「仕事」を選択するときに,「社会や人に役立ち，やりがいを感じる仕事」かどうかを意識しますか. 7：次世代に豊かな自然・環境を残すために，あなたは現在の自分の消費や便利さを我慢しますか. 8：次世代に経済的な重荷を負わせないために，あなたは現在の自分の消費や便利さを我慢しますか.	とても知っている(そう思う)＝4 点，やや知っている(そう思わない)＝3 点，あまり知らない＝2 点，全く知らない(そう思わない)＝1 点として，回答の数値化を行い，「回答数値」と表記する.	順序ロジットモデル
10：仮に，10 万円(700 ユーロ)程度の洗濯機を購入してから 5 年で故障した場合，あなたはどうしますか.	修理をするかしないか(修理する：1，修理しない：2)	順序ロジットモデル
11：故障した物と同程度の物の新品価格を 100%とした場合，修理費用が何%までなら修理しますか.	0 から 200%.	重回帰分析
9：あなたは環境や人権に配慮したエシカル商品を購入する際，一般的な商品との価格差が何%高くなったら購入をやめますか.	0 から 200%.	重回帰分析
孤独・孤立の程度．UCLA 孤独感尺度の 3 問の質問の回答 1 から 4 を合計したもの．最低 3，最大 12.	3 から 12.	重回帰分析

向社会性・利他性の程度．ボランティア経験，チャリティ経験，献血経験の3の質問の回答1から4を合計したもの．最低3，最大12.	3から12.	重回帰分析
幸福度	0から10段階.	重回帰分析

付表3　説明変数

世帯所得	独の回答を日本円に変換.
年齢	実数.
性別ダミー	女性＝1(男性を基準＝0)
有配偶ダミー	結婚している＝1(無配偶を基準＝0)
製造業ダミー	就業している産業のうち鉱業，採石業，砂利採取業，建設業，製造業，電気・ガス・熱供給・水道業については1とし，それ以外を0(基準)とした.
寒冷地ダミー(日本) 寒冷地ダミー(ドイツ)	• 居住地が北海道，東北，北陸，長野，山梨の場合は1として，他を0とした. • 東部ドイツ(ベルリン，ブランデンブルク，メークレンブルク＝フォアポメルン，ザクセン，ザクセン＝アンハルト，チューリンゲン)を1とし，他を0とした.
非正規ダミー	非正規労働者を1，それ以外を0とした.
無職ダミー	失業，退職者を1とし，それ以外を0とした.
自営業者ダミー	自営業を1とし，それ以外を0とした.
学生ダミー	学生の場合＝1．それ以外を0とした.
孤独・孤立，向社会性・利他性，幸福度	被説明変数と同様.

〈編者〉

全労済協会(ぜんろうさいきょうかい)

正式名称は一般財団法人全国勤労者福祉・共済振興協会．1982 年に設立され，「勤労者の生活及び福祉に関する総合的な調査や研究を通じて，勤労者の生活環境の向上を促進するとともに，あわせて勤労者の助け合いとしての相互扶助思想の啓発と労働者共済運動・事業の普及を図り，もって勤労者福祉の向上と発展に寄与すること」を目的に二つの事業を実施．

勤労者相互の連帯と相互扶助による「相互扶助事業」とならんで，シンポジウムやセミナーの開催，各種調査研究の実施等を中心とした「シンクタンク事業」が行われ，本書の元となった「資本主義経済の再構築としての SDGs 研究会」を主催．

これまで主催した他の研究会の成果書籍としては，『格差社会への対抗——新・協同組合論』(日本経済評論社)，『30 代の働く地図』，『壁を壊すケア——「気にかけあう街」をつくる』(ともに岩波書店)などがある．

〈編著者〉

駒村康平（こまむら　こうへい）　1章　補章　2章　4章　8章　あとがき

1964年生まれ．慶應義塾大学経済学部教授．放送大学客員教授．社会政策．『日本の年金』(岩波新書)，『エッセンシャル金融ジェロントロジー――高齢者の暮らし・健康・資産を考える』(慶應義塾大学出版会)など．

諸富　徹（もろとみ　とおる）　1章　補章　3章　あとがき

1968年生まれ．京都大学大学院経済学研究科教授．財政学・環境経済学．『私たちはなぜ税金を納めるのか――租税の経済思想史』(新潮選書)，『資本主義の新しい形』(「シリーズ現代経済の展望」，岩波書店)など．

〈執筆者〉

喜多川和典（きたがわ　かずのり）　5章

1959年生まれ．公益財団法人日本生産性本部エコ・マネジメント・センター長．上智大学大学院地球環境学研究科非常勤講師．行政・企業の環境に関わるリサーチ・コンサルティングに携わる．『サーキュラーエコノミー　循環経済がビジネスを変える』(共著，勁草書房)，『プラスチックの環境対応技術』(共著，情報機構)など．

山下　潤（やました　じゅん）　6章

九州大学大学院比較社会文化研究院教授．人文地理学，地域計画論．『環境都市政策入門』(古今書院)，『持続可能な発展指標の新展開』(共著，「比較社会文化叢書」，花書院)など．

内田由紀子（うちだ　ゆきこ）　7章

京都大学人と社会の未来研究院教授．文化心理学，社会心理学．『社会心理学概論』(共著，ナカニシヤ出版)，『これからの幸福について――文化的幸福観のすすめ』(新曜社)など．

環境・福祉政策が生み出す新しい経済
——“惑星の限界《プラネタリー・バウンダリー》”への処方箋

2023年5月26日　第1刷発行

編著者　駒村康平《こまむらこうへい》　諸富《もろとみ》　徹《とおる》

編　者　全労済協会《ぜんろうさいきょうかい》

発行者　坂本政謙

発行所　株式会社 岩波書店
〒101-8002 東京都千代田区一ツ橋 2-5-5
電話案内 03-5210-4000
https://www.iwanami.co.jp/

印刷・三秀舎　製本・松岳社

ISBN 978-4-00-022315-7　　Printed in Japan